中国乡村建设系列丛书

把农村建设得更像农村

高椅村

胡鹏飞　著

江苏凤凰科学技术出版社

序

高椅村是中国十佳古村落之一，属于特大型村庄。整个村庄保护完好，保持着原有的生活方式，俨然是一个“活”着的古村落。我们来到湖南省会同县高椅村之后很兴奋，在乡村建设中终于碰到一个如此高级别的古村落。当时，北京市延庆区绿十字生态文化传播中心（以下简称“绿十字”）的硬件、软件、运营初具规模。在项目实施、保护、建设过程中，国家文物总局，省文物总局、市文物总局、县文物总局全面介入，并与县委县政府达成共识：让高椅村再活五百年。说起来容易，做起来难。中国传统村落日益受到破坏，要在国家城乡规划的大框架下完好地保留下来，极其艰难。

传统村落在保护过程中要修旧如旧。当时，我们与省、市、县级保护单位反复磋商，规划设计应当从实际情况出发，注重实用性。在外貌不改变的基础上，提升古村落的居住舒适度。高椅村虽然有一条商贸街，但“空心化”比较严重，整个村落摇摇欲坠。如何激活古村，如何在商业与市场背景下，在以旅游为主题的年代中，凭借有效的保护让高椅村再活五百年。这显得异常艰难，也弥足珍贵。

高椅村由“绿十字”主任孙晓阳全程主持。“绿十字”、湖南农道建筑规划设计工程有限公司（以下简称“湖南农道”）、湖南如一设计顾问有限公司（以下简称“如一设计”）、清华大学罗德胤老师、中央美术学院何崴老师、中央民族大学赵海翔老师等参与了项目规划和设计，农创投资控股有限公司等介入项目建设、规划设计和运营管理的进程中。高椅村项目对“绿十字”而言，是乡村建设和古村落保护项目中比较系统、规模最大、级别最高且跨越时间最长的项目。目前，仍在后期实施和完善之中。如何在保证村民生活和生产的基础上，又能适当介入到旅游文化产业中的村庄，这是我们一直在思索的问题。总体上，高椅村的建设是有序的、理性的，在保护激活的过程中，也在朝着规划设计的要求顺利推进。

古村落的保护具有特殊性，设计师必须正确对待：不能太急，也不能太快，避免过度商业化。在改造过程中，应当尽量保留村落的历史原貌和文化沉淀，注重以村民为主体，各项事务和决策以村民自治为核心的古村落保护原则。

孙君

孙君：“绿十字”发起人、总顾问，画家，中国乡村建设领军人物，坚持“把农村建设得更像农村”的理念。其乡村建设代表项目包括河南省信阳市郝堂村、湖北省广水市桃源村、四川省雅安市戴维村、湖南省怀化市高椅村等。

目录

1 激活古村

1.1 初识乡村

项目名称：怀化市会同县高椅村美丽乡村建设项目

项目性质：改造提升

用地面积：约 99 平方千米

项目位置：湖南省怀化市会同县高椅村

居住人口：约 2200 人

项目时间：2014 年 12 月至今

总体定位：让高椅村再活五百年

1.1.1 地理位置

高椅村，中国十佳古村之一，全国重点文物保护单位。同时也是湖南省重点文物保护单位，省历史文化名村。位于开国大将粟裕的故乡——湘西南的会同县高椅古乡境内。因其三面环山一面临水，地形宛如一把“太师椅”而得名。整个村寨共有 590 多户，2200 多人，其中 85% 的村民为杨姓，据说是南宋威远侯杨再思的后裔，侗族。

巫水河畔的高椅村

高椅村位于高椅古乡境内的巫水河畔，这里曾是水陆交通枢纽，是历史上著名的“烟土之路”的必经之地。连接家家户户、村与村的道路纵横交错，呈网状，走入如进迷宫。村民一般只走几条主要的路，很多道路阡陌相通，但即使当地老人也不一定能知道村里的每条小道通向谁家。由于地形复杂，几百年来，这个村子从未受过土匪、强盗的骚扰。

1.1.2　文化底蕴

高椅村拥有深厚的文化积淀，以及非常丰富的古民居文化、侗文化、民俗文化、巫傩文化、宗教文化和耕读文化。高椅村自古有着浓郁的耕读文化氛围，“清白堂”“醉月楼”曾是文人学士聚会及娱乐的场所，学馆、祠堂、凉亭、土地庙等公共建筑保留至今。高椅村每栋屋子都是一本“无言”的书，寄托着古人的价值观念与人生憧憬。在一栋修建于清朝道光年间的屋子里，摆放着一个雕刻非常精美的神龛，做工精细，样式优美，雕刻的花、鸟、猴等形象寓意深刻，有“喜鹊闹梅”“封侯拜相”之意。高椅村村民为了弘扬祖德，将“关西门第”“清白家声”“清白堂”“耕读传家”等牌匾高挂门楣之上，并以此作为庭训，告诫后人“清清白白做人，清清白白为官”。村内最古老的铭砖修建于明洪武十三年，迄今已有六百多年历史。据统计，明清时期，高椅村共出文武人才近 300 人，民国时期会同县有大学生 10 人，其中 4 人为高椅村人。改革开放以来，该村有各类大、中专毕业生 180 多人。

高椅村民居世代沿袭“耕读传家”传统

1.1.3　民俗风情

像许多古村一样，高椅村的生活平静而安逸，民风淳朴，许多传统习俗流传至今，有“民俗博物馆”“耕读文化的典范”等美誉。在这里可以欣赏民族歌舞表演，品尝侗族农家饭菜，居住侗寨木楼，体验侗家生活。穿行于村落中，时不时地会看到有肩挑手扛的村民走在青砖瓦巷里，肩上的扁担被重重的货物压得咯吱咯吱响。走到一家屋檐下，老奶奶正在太阳下翻晒自家熏制的腊肉，黝黑的油光在阳光下缓缓渗出。村里先辈的生活细节不仅一代一代流传至今，而且在房屋建筑中有所体现，形成一道景观。原大户人家的一栋木屋的窗户上有副对联：“堂前珠履三千客，房内金钗十二行。”今人依稀从中看到当时这户人家操办婚礼时的气派和豪绰。这副对联历经百年风蚀之后，纸已自然脱落，墨汁却渗入木头，字迹依然清晰可见。

1.1.4 古民居群

高椅村是湖南省规模较大且保存较完整的明清古民居建筑村落，被专家誉为“江南第一村”和“民俗博物馆”。2002 年 5 月，正式列入湖南省重点文物保护单位。2005 年 6 月，列为全国第六批重点文物保护单位和湖南省历史文化名村。高椅村具有极高的旅游开发价值。古村现保存有明洪武十三年到清光绪七年（1380—1881 年）连续五百年间的古民居建筑 104 栋，总建筑面积 19 416 平方米。高椅村堪称古村旅游的一颗“明珠”。

高椅村的众多古民居以五通庙为中心，呈梅花状分为五个自然群落。西为明早期建筑，称“老屋街”；北为明晚期建筑，称“坎脚”；东为清前期建筑，称“大屋巷”；南为清中晚期建筑，称“田段”以及“上寨”“下寨”。民居建筑的形式，均为四面封火砖墙构成一个封闭的庭院，院内为木质穿斗式结构的两层楼房。庭院两侧的封火墙多为双头马头山墙，墙头多有彩绘图案；庭院内的木构楼房，门窗多有精美的雕饰；不少庭院堂前悬挂匾额，照壁上绘有壁画，屋内明清时代的家具随处可见。

下寨家祠

1.2 总体定位：让高椅村再活五百年

1.2.1 村民意愿

1）自家房屋得以修缮，地域文化得以尊重，修旧如旧，保持原汁原味的高椅村面貌

高椅村和众多古村一样，村里民风淳朴，村民居住于此，安逸而平静。几百年来依然沿袭着传统的生活方式，如今仍坚持每晚打更等。高椅村建筑为木质穿斗式结构的两层楼房，四周封有高高的马头墙，构成相对封闭的庭院，当地称为“窨子屋”。这种建筑高墙封闭，仅开小窗，有防风、防火、防盗的特殊功能。

高椅村有着悠久的历史和传统，这里的村民虽然不富裕，但是对于家乡拥有非常深厚的感情，这也成为高椅村历经数百年而欣盛不衰的主要原因。村民们希望将家乡建设得更加美好，同时又希望高椅村可以保留住自己心中家乡最淳朴真实的样子，而不是一改全新，不知家在何处。虽然整个村子以木质建筑为主，但由于高墙封闭、下水道纵横，得以防火、防潮，使这些明清时代的古建筑历经几百年而不朽。

古村窨子屋围绕着水塘而建

2）能在此安居乐业，世世代代生活下去

高椅村形成于宋末元初。当时，威远侯杨再思第三代孙杨通碧在北方为官，因对朝廷不满，产生了弃政从商、找一块“宝地”定居的想法。于是在这之后，先后搬迁六次，几度择地。元至大四年（1311 年），杨再思的第五代世孙杨盛隆和杨盛榜找到高椅村这块心目中的“宝地”，并在此定居下来。高椅村原名“渡轮田”，唐宋以前是一处古渡，始为少数民族所居。杨氏祖先来到这里定居，将古渡名“渡轮田”改为“高椅村”。高椅村寨延续至今已有数百年历史，每一栋房屋的一砖一瓦都饱含祖先对这片土地的感情，能够在这里长久的生活下去是村民们最质朴的愿望。兴旺产业，留住年轻人则是高椅村持续发展的最大原动力。

3）发扬高椅村民间传统文化

在文化教育、社会经济和生活娱乐等方面，高椅村的传统风尚依稀可见。优美丰富的明清建筑艺术、浓郁多彩的侗族民俗风情与传承千年的儒家耕读文化相融合，由此，高椅村被文物专家誉为“古民居建筑活化石”“古村落发展建筑史书”“江南第一古村”和“民俗博物馆”等。本地特产丰富，如滩螺、河鱼、橘子、笋干、金秋梨、黑饭、红坡贡米、火塘腊肉、沙溪辣酱等，还有很多特色工艺品，如刺绣品、傩戏面具、竹编工艺等。村民非常重视祖辈流传下来的民间文化，欲将其一辈一辈传承下去，并发扬光大。

4）还原诗意田园生活：生态环保、回归自然、生活富裕

自然风景和民俗风情，一旦开发就有可能消逝。高椅村植被林地茂密，区域内水质优良，空气清新，生态环境保存完好。村民们害怕脆弱的生态环境经不起大批量游客的光顾，希望在开发的同时注重自然生态环境的保护，让游客体验返璞归真的田园生活方式。在此基础上，再发展产业，提高人均收入，达到生活富裕。

5）村庄保持与时俱进的发展态势

村民们希望能够科学地保护大体量的文物建筑，让高椅村文化与产业协调发展，公共基础建设也将不断完善。随着高椅村的改造，越来越多的年轻人在村落里生产生活，村子不再是空心村。在政府及社会的不断努力下，村庄的未来可以与整个社会协同发展，使乡村得到振兴，发展的红利可以惠及家家户户。

1.2.2 政府意愿

1）加强古村落民居建筑的保护与利用

坚持“保护为主，适度利用”的基本原则，秉承“活态保护”核心理念，会同县委、县政府审时度势，提出“将高椅村打造成湖南的高椅村、中国的高椅村、世界的高椅村”目标，把高椅村建设成为全省少数民族民俗文化和生态旅游核心景区、全国传统村落整体保护利用示范村。

2）提高村民的生活水平

中央财政统筹整合专项资金，投入100多亿元对传统村落进行集中保护和利用。湖南省计划三年内按“整体保护、协调发展，惠及民生、尊重民意，因地制宜、突出特色”的原则，分三批对28个传统村落实施重点保护。高椅村作为第一批示范村中的传统村落，已于2014年5月启动保护工作，于2015年12月验收。目前，会同县已完成高椅村规划及维修方案审批工作，先期投入1200余万元，对古村文物建筑和十余栋房屋进行修缮。对古村旅游环境和村民日常生活产生了积极的影响。

3）启动高椅村传统村落整体保护利用工程，建设更美新村

作为会同县唯一的国家重点文物保护单位，县委、县政府历来重视高椅村的发展和建设。自2014年5月以来，先后启动高椅村传统村落整体保护利用项目，完成已通过国家文物局批准实施的《会同县高椅村传统村落文物保护工程总体方案》及资金预算编制工作，计划修建防洪堤、改造村前街道、另建移民新村、修缮村内古民居、实施消防安全工程、新修游客服务中心及农村客运站、完善配套服务设施。目前，已完成15栋古民居的修复工作和消防安全工程，农村客运站建设也进入尾声，正在进行配套服务设施建设，并启动防洪堤修建、村前街道改造工作。

4）完善配套设施建设，提升旅游品质

目标立足于地域特色和游客需求，加大文化旅游各方面配套基础设施建设力度，着力构建特色鲜明、内涵丰富且功能完备的文化旅游基础设施网络。大力建设民族特色标志性文化工程，以“文化展示、生态教育、观光游憩、锻体健身、休闲娱乐”五大功能为规划定位，建设标志性文化工程。加快推进文化与旅游的融合发展，把民族文化与自然优势资源、历史文化古迹、民间工艺建

筑相互整合，扩大侗族傩戏、辰河高腔、怀化阳戏、侗族芦笙、苗族歌鼟等民族艺术的影响，打造特色民族文化演艺品牌，开发一批特色文化旅游产品，提升文化旅游的档次和品位。

1.2.3 设计师意愿

根据高椅村的自然和人文条件，孙君老师提出“田人合一”的理念和“耕读人家”的设计方案，从房、水、旅、种、村、治等几个方面着手修复和调整。

“乡建的重点，是在‘乡’上下功夫，而不是在‘建’上做文章；乡愁不是在‘愁’上做文章，而要在‘乡’中找情感。乡就是农田、民居、菜园、养猪，即充满人情味的乡土社会。‘美丽乡村’要做的事，是让年轻人回村，年轻人回家了，村子才可以重唤生机。这次我想打造一个中国传统村落发展与保护的示范村。”孙君老师希望激活高椅村的传统元素，把农村建设得更像农村。具体任务如下所述：

（1）保留高椅村的烟火气息，营造一道道乡村风景线。

（2）打造宜居型村落空间，在古老的外表下植入一颗年轻的心。

（3）改善村民的居住环境，建造花园式住宅。

（4）运用当地材料和建筑元素，引发情感共鸣，彰显地域特色。

（5）开发古村的产业资源，让年轻人回乡创业。

（6）在传统文物保护工程的基础上，保留古村落的传统生活方式，促进产业发展，挖掘并传承数百年的村落文化，保护人文传统，实现可持续发展。

（7）规划设计采取以点带面的方式，要让这些“点”成为示范点，树立标杆和旗帜，以此激活村民的积极性，鼓励村民参与其中。

（8）挖掘古村旅游资源，打造西南传统村落旅游 IP。

（9）重唤古村活力，为乡村建设起到示范作用。

希望通过规划设计，真正实现“三个回来”：让鸟儿回来，让年轻人回来，让民俗文化回来。

2 高椅村今与昔

2.1 改造前的高椅村

2.1.1 古老的建筑和考究的布局尽显高椅村昔日辉煌

巫水河在这片群山下绕了个“之”字，拖出一湾鲜活生动、精彩绝伦的历史。数百年来，深隐在崇山峻岭中的高椅村世世代代民众，打造了一百多栋高大宏伟的“窨子屋”，这些建筑规模宏大，布局合理，做工精良，足以彰显出靠山吃水的高椅村村民以超凡的勇气和智慧创造安逸、舒适生活的能力。

高椅村以五通庙为中心呈梅花状格局，形成五个自然组团，分别为老屋巷、坎脚、大屋巷、上下寨和田段。五通庙是花蒂，大塘是梅花之蕊。自然组团

依山势而建的古村落

形成“家庙 + 祠堂 + 居住组团”的结构。

现存的历史建筑包括祠堂和居住建筑，共 29 栋。据文献、著作考证，已消失的历史建筑有 10 栋，包括文峰塔、白索汛守府、五通庙、一甲祠堂、十甲祠堂、伍家祠堂、太极八卦图、基督教堂、兴隆庵、东岳庙。

村落临近巫水河畔的主街是村庄对外的主要交通道路，村内巷道沿着主街向村内纵深方向延伸。主街宽度为 5 米左右，巷道宽度为 1.5~2.5 米。现存巷道纵横交错，四通八达。村民一般只走几条主要的路。很多道路阡陌相通，甚至部分巷道从私人住宅中穿过，形成独特的街巷空间。

村庄的交通较多地依赖于水运，商业活动集中在巫水河畔。商业主街的空间位置历经多次变化，演替至今，形成现在的主街商业活动空间。农历逢二逢七的市集活动聚集了周边四里八乡的村民，热闹非凡，这种市集活动延续至今。

村民的传统生活方式及宗教信仰经过千百年的传承与积淀，形成了当地独特的风土人情。

每年农历的九月二十八是五通神的生日，村里举行盛大的祭祀活动，请戏班子唱戏，少则十几天，多则四十几天。庙里祭神有两项内容，一是隆重的祭祀仪式，二是敬神演戏。

2.1.2 岁月的侵蚀让老村失去往日活力

空间不足，居住品质下降：随着村民居住需求的变化，原有住宅无法满足新的居住需求，出现大量新建、扩建建筑，对原有居住空间和品质形成一定的破坏。整体建筑风貌遭到破坏；建筑过高、体量过大，间隔过密；建筑风格与周边环境不相符。目前，多数公共建筑或空间已失去原有功能。

发展潜力受限：几乎没有突破古村范围，无法满足使用和建设需求，环境问题日益严峻。

产业发展滞后：以传统农业为主，缺少对农业附加值的挖掘，旅游产业处于初级阶段，人均收入低于县平均水平。

市政设施老旧欠缺：缺少完备的排水设施、电力设施和给水设施。

新老建筑差异较大：历史建筑有待修缮，新建建筑风貌不协调。

老林管站

十甲小学

蒋太君墓

高椅村民居

村落内部

道路交通有待改善：主要道路通行能力较弱，村路形象不佳。

环境品质有待提升：环境质量较差，水系堵塞严重。

2.2　改造后的全貌

在“湖南农道”接手后的将近一年的时间里，高椅村有数个改造点已完成方案设计正在紧张施工中，其他改造点也在紧锣密鼓进行中。

冬日荷塘

夏日荷塘

透过院子看到马头墙

改造后的游客服务中心和广场

1）乡村干净整洁，村民的环保意识有所增强

乡村建设首先从村庄的环境卫生入手。改变村民的思想观念，树立资源分类和环保意识。如今，村貌明显改善，人居环境显著提升。到高椅村走亲访友的外村人说，村里现在干净整洁，以至于大家都不忍心乱扔垃圾了。

2）村路优化完善，增加许多旅游配套设施

在做好旅游基础设施、旅游项目和旅游景区（景点）建设的统筹协调工作的同时，构建上下衔接、左右沟通的旅游信息网络；注重核心景区的周边建设，着力完善导游服务、环境卫生、咨询网点分配等配套建设，为发展旅游业夯实基础。

3）以点带面的民宿改造如火如荼，部分村民从经营旅游配套服务产业中获益

民宿的改造使游客与当地家庭进行互动，更深入地了解当地的文化特色、风俗民情、自然景观、产业及生态等，给村民带来直接的经济收益。

4）村中的文物建筑得到修缮，以“景点”辐射周围民居改造

古建筑拥有百年以上的历史，即使是石活构件也不可能完整如初，有不同程度的风化或损坏。古建筑修缮保护的对象不仅仅是古建筑本身，更应包括古建筑所具有的文物收藏价值。

5）增加公共设施，如垃圾桶、凉亭、座椅等硬件设施

巩固公共服务设施建设成果，充分发挥公共服务设施的作用，进一步加强对农村公共服务设施的长效管理，确保所有公共服务设施运行正常，为村民和游客提供便利，提升村民的生活质量。

6）部分年轻人看到家乡的发展潜力，回到古村生活

外出闯荡的经历，让当地部分年轻人开拓了眼界，积累了资本。如今，越来越多的年轻人“反哺家乡”，回乡创业，让梦想的种子播撒故乡。有开办农特产品商店的，也有经营农家乐和民宿的，旅游带动的人流为他们带来了商机。

7）村民经济收入提高，生活环境得到改善

随着假日旅游的升温，当地居民开始投身于旅游产业，收入明显增加。

村口的民宿

8）村中列入危房旧房的建筑得到整体修缮，主要沿街房屋外立面风格得以整体规划

不同建筑元素的融合

乡村景观

古村中的危房和旧房通过精心的改造和修缮，变得整齐干净，实现了“旧貌换新颜”，吸引更多的游客前来游览。

9）乡村景观得以梳理，不仅符合村民的审美观，也满足城市旅游者的现代审美需求

乡村景观，作为一种特定的文化符号，是彰显乡村魅力的文化景观艺术。“茅檐长扫净无苔，花木成畦手自栽。一水护田将绿绕，两山排闼送青来。”这是宋代大诗词家王安石笔下的村居景象，也是人们记忆中的传统乡村旅游景观的模样。完全有别于城市景观的乡村景观是人类活动的历史记录以及文化传承的载体，同时具有重要的历史文化价值。

10）开发村中的特色农产品，增加当地农产品附加值

当今社会，食品安全问题成为大家关注的热点。绿色安全的蔬菜和肉类等农产品备受青睐。乡村农产品“土味”十足，极具吸引力，因此村民大力开发当地特色农产品，不断优化升级，增加产品附加值，满足游客的需求。

3　乡村营造

3.1　设计思路

3.1.1　分析

1）布局特点

（1）村周围田坎中的水汇集到中部平坦地带，形成大大小小的“水坑”，形成一片湿地。村子以这些水塘、五通庙为中心，按照不同姓氏建房，形成大小不一的集中居住区。清中期之后，一个个“小寨子”形成真正的“村团”，寨与寨之间不建 “寨门”与“寨墙”。高椅村几块集中居住组团围绕五通庙和大塘而建，呈“梅花形”格局，道路呈现放射状向外延伸，或通向古驿道，或通向巫水码头，构成一幅四通八达的交通网。每家每户大门敞开，有的不设围墙，村中的小路相互串联，构成一条丰富的游走路线，游客容易“迷路”。

（2）空间不足，居住品质下降。随着村民居住需求的变化，原有住宅无法满足新的居住需求，出现大量新建、扩建建筑，对原有居住空间和品质形成一定的破坏。

（3）高椅村“谷底”整体呈 U 形，U 形开口朝向南边，山脉将高椅村谷底围合成“太师椅”形状。这也决定了高椅村如果要发展，就需另辟蹊径，另外再找一块地方来建设新村。

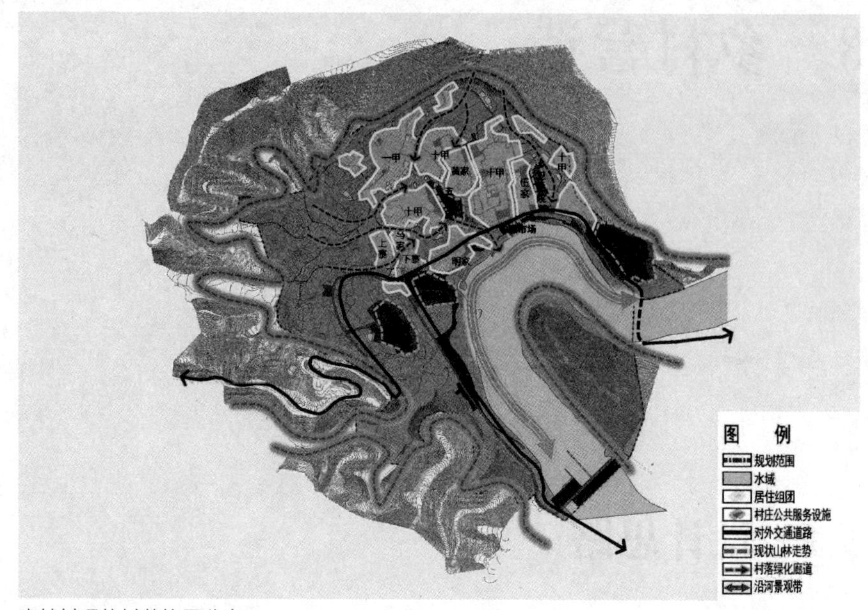

高椅村现状村落格局分布

2）建筑及基础设施现状

（1）建筑：挤占农田、空地空间，少量为新建建筑，多数为柴房、厕所等构筑物，或老建筑加建而成；建筑风格与周边环境不相符；建筑处于南北侗（族）交汇处，既保留侗族传统的凉亭、寨门，又保留有汉族文化的建筑符号，如马头墙、窨子屋等。在汉侗文化的交融下，汉族文化逐渐占上风。建筑形式

建筑细部

融合了两种文化的特点。

（2）公共设施：历史上存在两级公共活动空间系统。村中有很多公共设施，最为特别且有名的要数寨门和凉亭。其中，三座凉亭不单单是村民遮风避雨、休闲、娱乐的场所，更具有教化之作用，白天多是老年人在此休闲乘凉、娱乐聊天，年轻人偶来闲坐。家长们在此教育儿女，家风家训在自然中得以传承。

（3）交通：内外混行，交通混乱。街巷体系保存完好，路面铺装部分漏混凝土水泥地面，与传统风貌不相协调。房屋室内地面用木板铺设，室外采用来自常德地区的青石板。这种青石板路还具有自然排水功能，水透过石板之间的缝隙流入暗沟。

（4）水源：滨河区域存在安全隐患——巫水河堤缺乏防洪堤，不能满足防洪要求，山洪水流较大，汛期洪水灾害严重。渡口是村庄和外界联系的窗口，通过巫水河将高椅村的竹木带到远处的洪江、常德等大城镇，给村民带来财富，也带来外界的信息。

3.1.2 定位

1）旅游产业定位

高椅村作为历史文化名村，充满活力和人文气息。高椅村首先应该是村民的高椅村，其次才是外来者、游客寻游的高椅村，因此自身定位不能求新逐奇，应向外界展示纯粹质朴的乡村印象。高椅村若想在周边旅游资源中（张家界、桂林等）突出重围，应强化小而精的人文特色和休闲旅游氛围；依托于侗族文化圈的民族风情，彰显自身特色，营造田园乡土气息，丰富体验式活动。

2）客源群体定位

根据国内及湖南省旅游市场的基础情况，以及高椅村的自身定位，将客源市场群体做如下细分。

家庭游与自驾游群体：拥有较稳定的收入，多数拥有私家车，喜欢带家人出游或好友结伴自驾旅行。

年轻群体与学生群体：对资源价值和文化内涵有强烈的求知欲，喜欢尝试新鲜事物，一般三两结伴或团队出行。该类群体虽然收入不高，或没有稳定收入来源，但消费能力不可小觑。

商务群体及高端群体：多为较远距离的游客，收入较高，喜欢高层次的消费享受，对旅游产品和服务质量要求较高。

3.1.3 规划要点

在提升自然村落功能、方便村民生产生活的基础上，科学引导村庄住宅和民房建设，统筹安排基础设施建设和社会事业发展，并保持乡村风貌、民族文化和地域特色，建设村民幸福生活的美好家园。

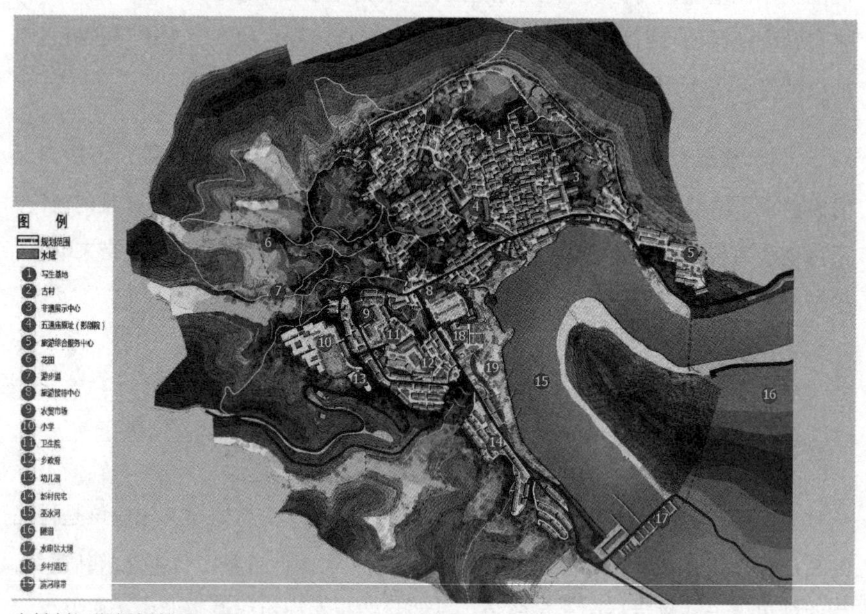

高椅村近期规划总平面图

1）提升乡镇村庄规划管理水平

规划村庄体系，提升村落功能，保持村庄特色。

2）加强农村基础设施和服务网络建设

改善基础设施，提高服务水平，推进环境整治。

3）加快农村社会事业发展

开发教育资源，健全医疗体系，丰富文体生活。

4）加强民居保护利用

明寿田宅、黄再欢宅是位于主街上的两户民宅。根据户主意愿，打造民俗气息浓厚的原生态乡村建筑，以落地设计为古村改造寻找经济可行的路径。可增建餐饮、民宿等旅游服务设施，吸引游客，作为全村的示范点。

5）丰富乡土乡情体验

乡土乡情项目整体应营造“村落新生”的乡土氛围，包括游客与村民的农事、手作互动和古村落传统民俗节事活动展示等。

6）增加时尚运动体验

时尚运动项目整体应营造“时尚生态”的现状氛围，包括登山露营、骑行穿越、艺术写生等。

7）恢复商业街原有结构

恢复五通街和场坪的商业功能。依托于少量店面，将商业设施向北部五通庙延伸，向南部延伸至码头恢复商业街原有格局，同时结合滨河绿地，引导滨河住户经营旅游接待和休闲娱乐业务。

8）沿街立面和环境改造

整体统一的风貌改造：根据住户的意愿，引导住户发展不同的商业业态，优化商业主街的功能布局。统一进行外观风貌处理，同时考虑主街平日、赶集日两种情况下的不同使用方式和空间氛围。

9）保证商业街持续发展

向西延伸，使商业街覆盖全村；增设室内农贸市场。

10）加强集市管理

摊位管理：限定摊位摆放位置，留出必要通道。

交通管制：在集市期间限制机动车通行，并设置车辆绕行的警示标志。

注：高椅村规划由北京清华同衡规划设计研究院有限公司设计。

3.1.4 建设重点

1）集中布局，整体提升

教育设施两处，含搬迁新建小学一处、新建幼儿园一处。

行政办公设施三处，含乡政府、村委会等。

文化活动设施多处，含非遗展示中心、五通庙（原影剧院）、写生基地等。

医疗卫生设施一处，搬迁新建卫生院。

商业服务设施多处，含旅游综合服务中心、旅游接待中心、农贸市场等。

公共停车场一处。

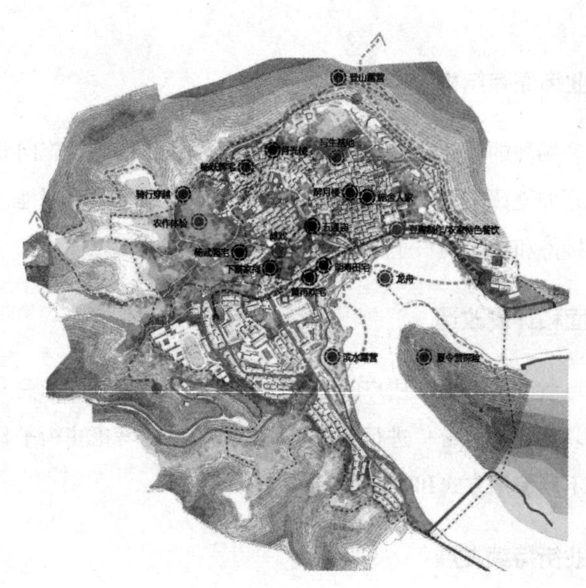

高椅村重点项目分布

2）完善旅游服务设施

旅游服务中心：将现有的学校改造成旅游服务中心，可供游客休息，并提供集散、导游、自行车租赁、住宿餐饮、纪念品销售等服务。

非遗展示中心：对现有的供销社、高椅村博物馆（杨国大博物馆）、卫生所等建筑进行改造，结合商业街改造，打造一个非遗文化展示基地。

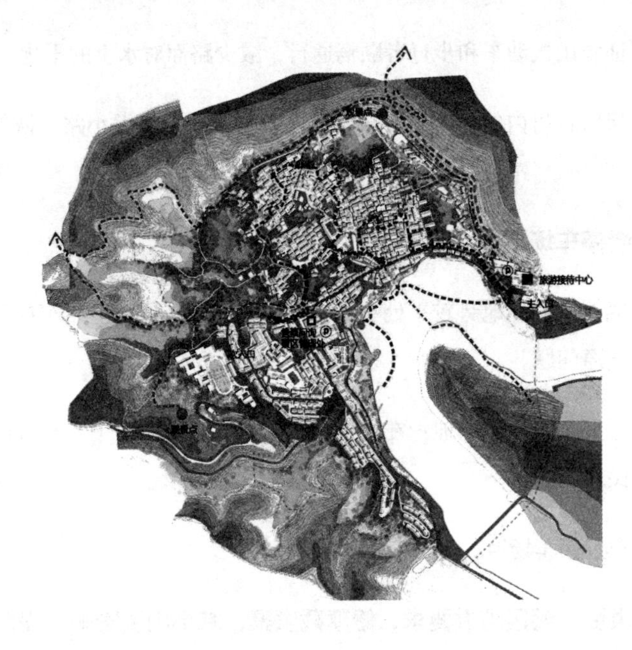

高椅村旅游引导规划

3）减少过境交通的干扰

（1）外迁过境交通线路。

利用水电站北侧废弃的火车穿山铁路涵洞，连接规划中的鲁翁公路，将过境交通外迁，减少对村落造成的交通安全隐患、噪音等不利影响。同时，新增一条从会同县城方向到达古村的道路，从乡政府南侧绕过村落，避免横穿村落。

（2）提高入村道路通行能力。

对商业街路面进行改造。

（3）新建西侧进村道路。

沿山边增设一条进村道路，减少境外交通在村内不必要的穿越。

在山上交叉口处设置路碍，引导车辆驶入新建道路。

（4）改造上山路段。

增建步行路段，在交叉口处增设回车场地。

4）恢复传统路面材质

放射状主路网：维持路面宽度在3米以上，使用透水青砖或瓦片材质，改善路面景观，保证农用机动车和步行者顺畅通行，减少路面对水土的干扰。

其他小路：保留古村内的传统青石板和鹅卵石路，改造水泥小路，恢复传统材质和景观。

5）增加社会停车场地

截流外部车辆：在村外地势较平处布置两处停车场地。通过电瓶车换乘，解决游客进村的交通问题。

在古村集中布置公共停车场地：在村内结合学校、旅游服务中心布置两处停车场地，供村民使用。

在新村分散布置停车场地。

6）修建防洪堤，满足防洪要求；修建截洪渠，减小山洪影响；设置防灾避难场所

高椅村面朝巫水河，每年深受洪水之扰。防洪堤是解决洪水问题最直接、最快速的方式。应对高椅村的防洪问题时，为了不破坏古村自然优美的驳岸，泄洪时并未采用这种最简单的方式，而是采用一种比较“难”的办法——自然放坡，防止冲刷造成土地硬化，不让洪水直接把泥土冲走，加固岸边房屋的结构和基础。每天一次的洪水来临时，将村民及时地疏散到地势比较高的地方，以便保留自然古老的民居风貌。

岸边村民远离洪灾，免遭财产损失

3.2 区域和空间

古村提升规划原则：保护古村，建造新村。

分析乡村建设的活力要素，重点关注良好的居住品质、丰富的公众活动、整治水环境以及优质的公共服务四个方面，全面优化提升村庄功能。

3.2.1 提升居住品质

（1）策略一：严格保护古村居住空间。

禁建控制：禁止在现有开敞的农田、绿地、空地上增加建筑、围墙。

新建控制：在自家院内（已有围墙）可增加功能性构筑物，但需不影响主体建筑形象（体量、风貌）。

（2）策略二：树立样板，改善古村居住条件。

目标：树立标杆，为改造项目提供依据，为建筑设计提供指导原则，为规划管理者提供审查的样板和标准。

选择建筑位置：按照“大分散、小集中”的原则，尽量覆盖各个村团，同时，村团内的选点尽量集中，既扩大覆盖范围，又能相对集中展示。

选择建筑类型：优先选择有名、有特色或亟待修缮的古建筑，与古村风貌不协调的新建筑。

考虑改造意愿：综合考虑户主的改造意愿，可优先改造无产权纠纷的建筑。

重点改善内容：重点修缮外观风貌，优化室内功能布局，改善日照通风等条件，综合提升居住条件。

3.2.2 优化公共活动设施

1）策略一：恢复五通庙的公共活动核心地位

（1）活用剧院、文化站建筑。

改造剧院：建造更加灵活的建筑空间；拆除剧院座椅；搭建舞台，举办傩戏表演、文艺演出、观影、舞会等活动。

改造文化站：注入图书、棋牌、书画、乐器等文化活动功能。

改造剧院配建：展示五通庙、一甲、十甲家祠和高椅村历史文化。

（2）丰富室外活动空间。

打通围墙：拆除村委会及五通庙的围墙，方便村民进入篮球场和剧场前广场，在视线上形成通透、开敞的空间，凸显村委会和五通庙周边区域的公共活动核心地位。

整理篮球场：结合村委会楼前的开敞空间，增加羽毛球、乒乓球设施的布置场地，可与篮球场地相结合，作为球类体育活动场地，丰富体育活动类型。

整理广场：整合五通庙现存的石碑、柱础等构筑物，打造景观小品，展示五通庙的历史形象。

2）策略二：使历史公共建筑兼具现代公共活动功能

修缮、利用文保与历史建筑。

建筑布局：利用极具历史意义的公共建筑或著名建筑，保证每个村团有一座公共活动建筑。

主要功能：展示建筑风貌特色和历史功能；作为图书室、棋牌室、桌球室、乒乓球室等小型文体活动场所，满足人们娱乐、学习、运动需求。

3）策略三：新村内结合村团，布置小型公共活动设施

建筑：在主街南端布置公共活动建筑，作为图书室、球类运动室、练歌房、书画室等文体活动场所。

风雨廊桥：在农贸市场外打造一座风雨廊桥，跨越冲沟梯田，连接古驿道与市场。

凉亭：在内部村团新建一处凉亭，将主街北侧牛棚改造为凉亭。

3.2.3 整治水环境

1）策略一：恢复历史水系

（1）修复水塘、古井。

整体梳理：恢复被填水塘，清理杂物、淤泥，恢复水塘种植。

重点改造：对部分水塘进行重点改造，以月光塘、大塘为试点，为推广改造积累经验。

（2）连通历史明渠。

月光楼景观节点设计

挖掘历史上曾经存在的明渠水系，采取清淤、清理堵塞等措施，使之与溪流、水塘相连，确保水流畅通，恢复历史明渠的水系统。

2）策略二：改善水源水质

污水处理、回用补水 。

分散式布置微生物污水处理设施，采用微生物技术，处理生活污水，重新排入外部水系，经过水塘、农田进一步净化，流入巫水河。共设 6 个出水口，与水库引水交错布置。

3.2.4 提升公共服务水平

集中布局，形成服务综合区。

将原小学和卫生院迁至新村一期，并增设幼儿园一处，改造位于新村一期的乡政府，进一步扩大小学、卫生院以及乡政府的用地规模，提升公共服务水平，增强对区域范围村民的服务能力。结合新建的农贸市场，形成与旧村动静分离的服务综合区。

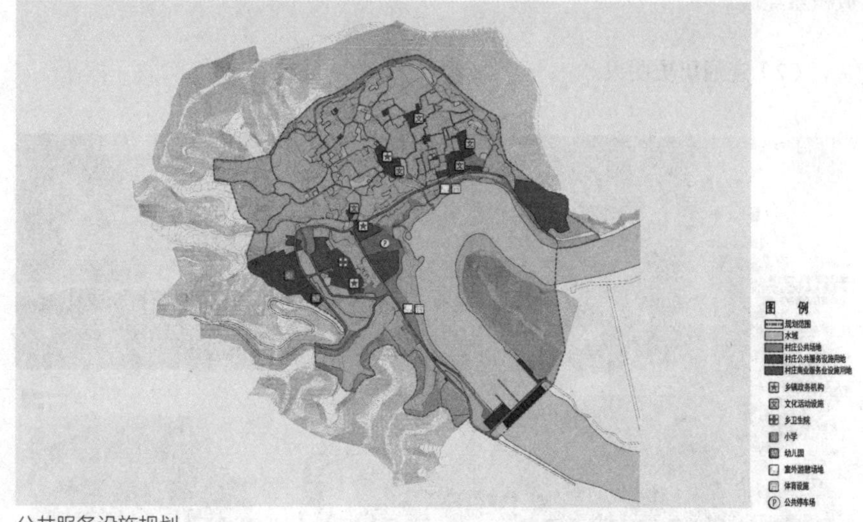

公共服务设施规划

公共区域节点设计效果图

公共服务设施实景

3.3 建筑特色与设计

古村在古民居建筑群落的地理分布、建筑的形态以及内部结构与周围山水园林、地形水系的关系等方面极具特色。在建筑细部处理上，坚持外表面修旧如旧，保留传统韵味，室内装修简洁明快，富有现代感，在老旧的传统外表下，植入一颗年轻的心脏。既保证建筑外观体现高椅村五百年悠久的历史，又让人们享受现代舒适的居住环境。

建筑特色

当地称为“窨子屋”的古村建筑在细节修缮中，飞檐翘角体现古民居的浪漫情怀，建筑格局与周围环境保持协调和统一。

古村洋溢着浓郁的侗乡风情，建筑极具民族特色。照壁上方色彩斑斓的绘画，可以看出当时的主人是武将、文人或是农家。房屋建筑式样优美多姿，门

飞檐 1

飞檐 2

窗隔扇式样繁多，花纹各异，体现出当时的匠人技艺精湛、独具匠心。庭院内的木构楼房，门窗多有精美雕饰，不少庭院、堂屋前悬挂匾额，照壁多绘壁画，依据典型的明代江南营造法式，让白墙、灰瓦、砖墙在现代潮流中继续演绎经典。

老旧的花窗与现代木框窗形成对比，屋脊、墙基、马头墙等各个时代的建筑元素在新的规划设计中得以保留，在改造后的古村落中和谐共存。

古村中的传统建筑如祠堂、清白堂、月光楼等，在风格造型和细节上体现了元代至近代各个时代的不同特点，这些是高椅村的宝贵资源，使其在经历历史沧桑之后愈发沉静与庄严。

老旧的花窗和现代木窗

中西合璧的月光楼细节

规划设计力求延续村庄建筑的尺度形制。

建筑平面尺寸：为适应新村建筑功能需求，建筑平面规模略大于现存住宅，但高度、长宽比例基本相同，避免在建筑风貌上产生过大差异。

建筑高度：2 层 + 坡顶阁楼。

建筑尺度：建筑主体尺寸约 10 米 ×14 米，形态为短长方形。

延续村落的建筑布局方式：现存建筑排列整齐，以面向巫水河的南北向为主；部分建筑朝向随地形变化，形成围合式村团；住宅之间保证 8 米以上的日照间距和 4 米以上的防火间距。

月光楼

掩映于山林间的马头墙

蒋太君墓的门头

延续建筑与地形的关系：最大限度地保留原地形地貌，住宅布置在高地，洼地或谷地布置梯田，形成人工环境与自然环境相互渗透的空间。

栽种不同的植物营造不同的氛围，加强现代与乡野的对比，忌园林化。

植物遮挡：采用植物遮挡的手法，将那些与周边环境不协调的建筑进行遮挡，在经济允许的条件下，将民居围墙更换为石墙材质。

停留点：增建趣味停留点和拍照场所。

月光楼前景观走廊

3.4 新式民房建筑式样

根据高椅村当地建筑特点，新建的民房融入当地民居特色，保留原有建筑风格及挑檐元素，兼具功能性又美观舒适。

新建民居样板房

新建民居样板房内部

3.5　乡村公共建筑

3.5.1　高椅村资源分类中心

高椅村资源分类中心于 2017 年初建成，目前正进行景观、室内和夜景亮化建设施工，建成之后将成为“全国最美资源分类中心”。高椅村有了这个资源分类中心，未来的垃圾就有了去处，能分类的分类，不能分类的填埋，有毒的进行无害化处理，能堆肥的堆肥。如此一来，让部分垃圾处理循环起来，形成“资源——产品——垃圾——资源”的闭环模式，取代当前广泛存在的“资源——产品——垃圾”的模式，重新树立中国传统文化和农耕文明“天道圆圆”的哲学观和生产生活观。

高椅村资源分类中心 1

高椅村资源分类中心 2

高椅村资源分类中心 3

高椅村资源分类中心与环境相融合

高椅村资源分类中心夜景

3.5.2 卫生院

在乡村，村民相互熟知，即使是标准化要求较高的卫生院也明显与城市中的医院和诊所不同，来就诊的村民相互攀谈，医生和患者关系更为融洽。另外，村中就诊的老人和儿童较多，卫生院不仅需要完善设施并扩大规模，而且社区属性也应在标准化建设中有所保留，于是设计师试图将乡村聚落空间的理念融入新建卫生院中。

新卫生院位于古村边缘地带，规划设计力求将其融入古村自然的建筑肌理中，于是将建筑打散重构，采用古村建筑肌理和空间的片段，将卫生院所需的标准化和私密性单元“嵌合”至该肌理片段中，既满足新建乡村卫生院的标准化需求，又将聚落空间的公共特征融入其中。

卫生院建筑的对外界面相对封闭而完整，内部空间比较开敞，整体建筑通过院落的组织方式，使中央庭院和二层平台的公共空间适应乡村卫生院的就诊特征。此外，为方便村中儿童和老人到此就诊，一层为基本的就诊单元，二层以健康服务区和办公空间为主。

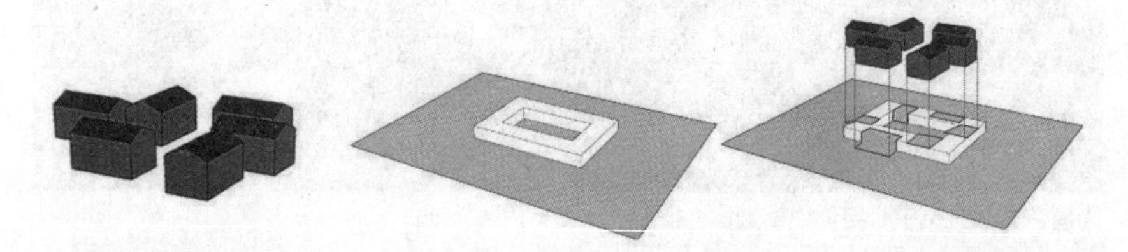

村落分析与概念演变

从山上看卫生院和古村落

高椅村卫生院方案效果图

注：卫生院建筑由北京博筑堂设计，主持设计师系中央民族大学赵海翔老师，设计团队包括蒲文福等。

3.5.3 高椅村大桥

高椅村大桥装饰方案中设计元素提取高椅村当地的马头墙，穿斗结构以及栏杆窗花样式，结合传统侗族风雨桥的概念，将两旁人行道设计成有顶的木构长廊，让人在穿过大桥时可以感受到浓浓的古村古韵。

本设计方案着重考虑的是尺度问题，大桥属于高速道路，桥体较长，与村子宜居的尺度显得不相称，设计中既要保持快速通车的功能，又要人行其中不会感到枯燥乏味，这种有温度的感觉正是现代都市缺乏，却是高椅村拥有的魅力，用马头墙、半披檐，木构架组成的半围合廊架既是人行道路的屋顶，同时也对车行道的框景进行划分，内和外的空间感在构筑中重新得到塑造。

高椅村大桥方案透视图

3.5.4 大唐水电站

高椅村大唐水电站位于高椅村的巫水河上游，距离高椅村 1000 米左右，从古村河岸边可以很明显地看到水电站的全貌。水电站庞大体量的现代风格立面与古村的形象显得格格不入，影响古村古朴风格的整体风貌。通过在主体结构上增加侗族建筑特有的披檐、屋顶、图腾等元素，使水电站的整体风貌与古村相协调，成为一道亮丽的风景线。

由于新设计的侗族建筑风格的屋顶是加在原有建筑之上，而原有水电建筑跨度较大，安全性要求较高，因此为确保原有建筑与新设计建筑物的安全性与可行性，结构设计采用轻钢结构。轻钢结构有自重轻、强度高、占地面积小，抗震性能好的特点。

大唐水电站大坝

大唐水电站位置分析

大唐水电站效果图 1

大唐水电站效果图 2

大唐水电站效果图 3

大唐水电站效果图 4

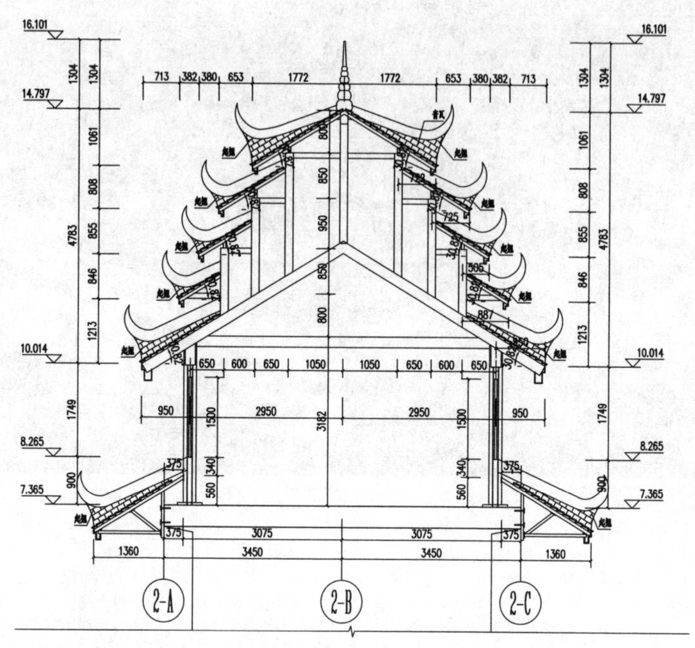

大唐水电站剖面大样图 1

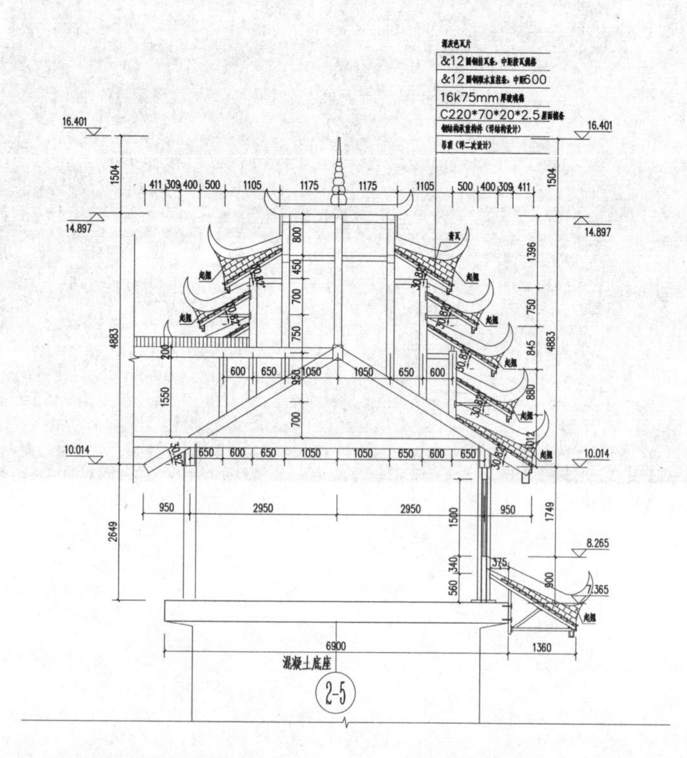

大唐水电站剖面大样图 2

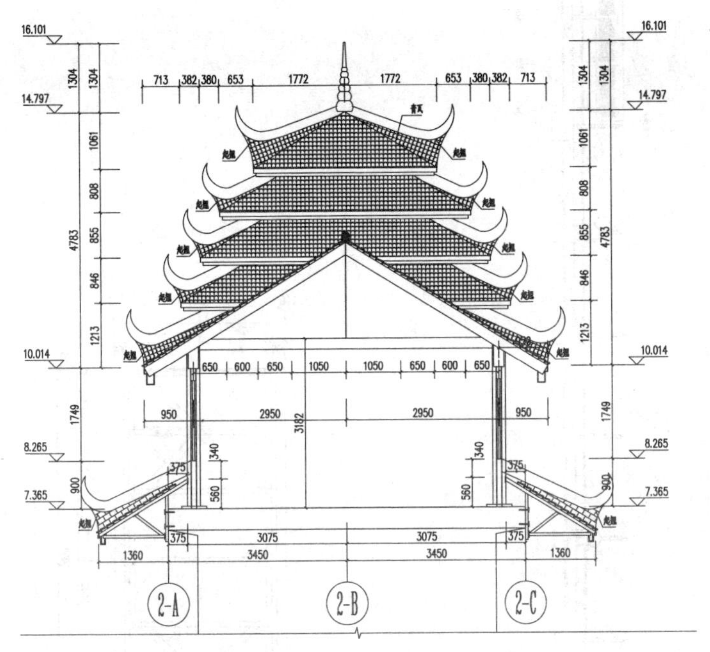

大唐水电站剖面大样图 3

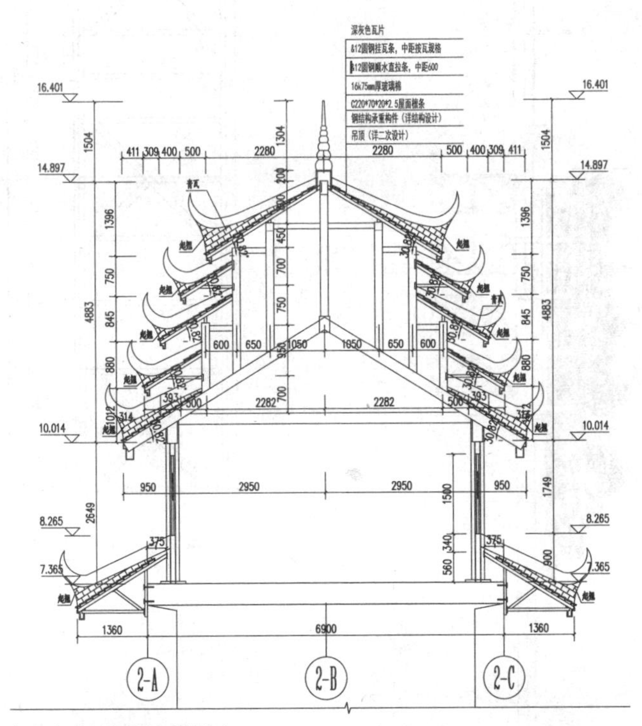

大唐水电站剖面大样图 4

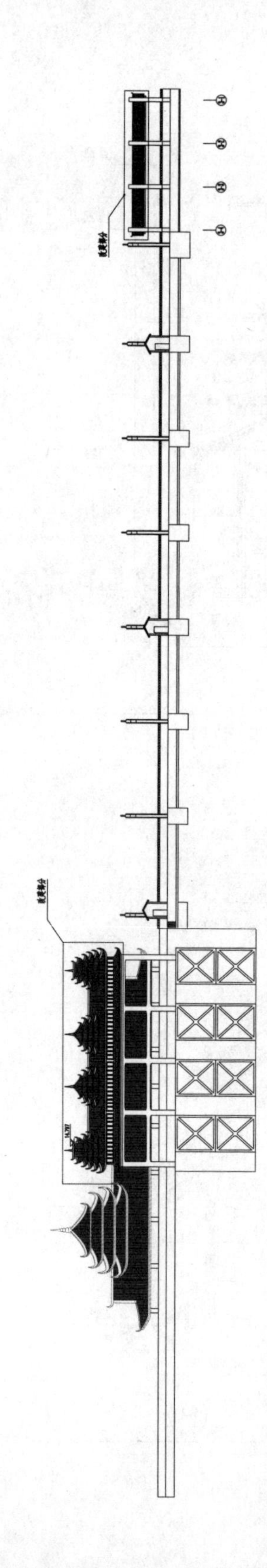
大唐水电站上游立面图

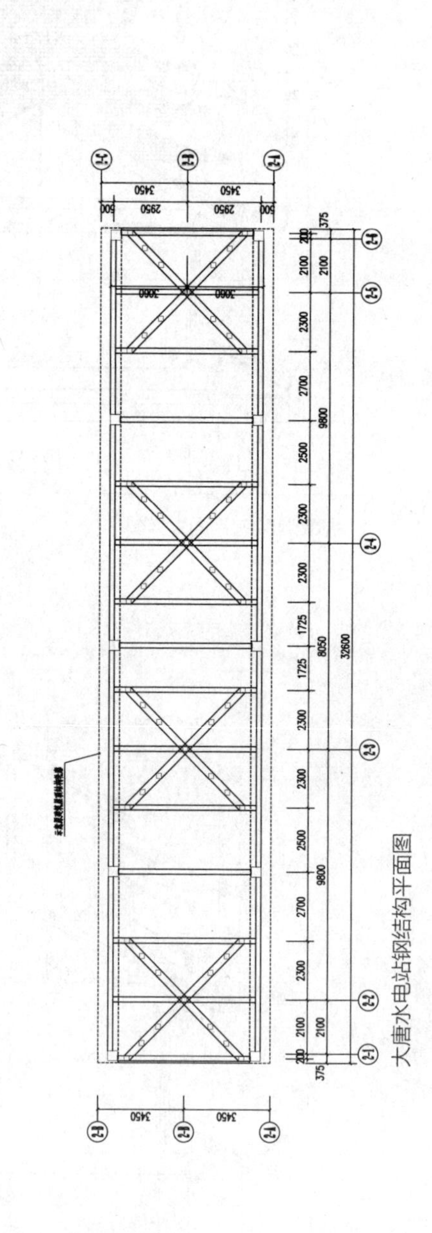
大唐水电站钢结构平面图

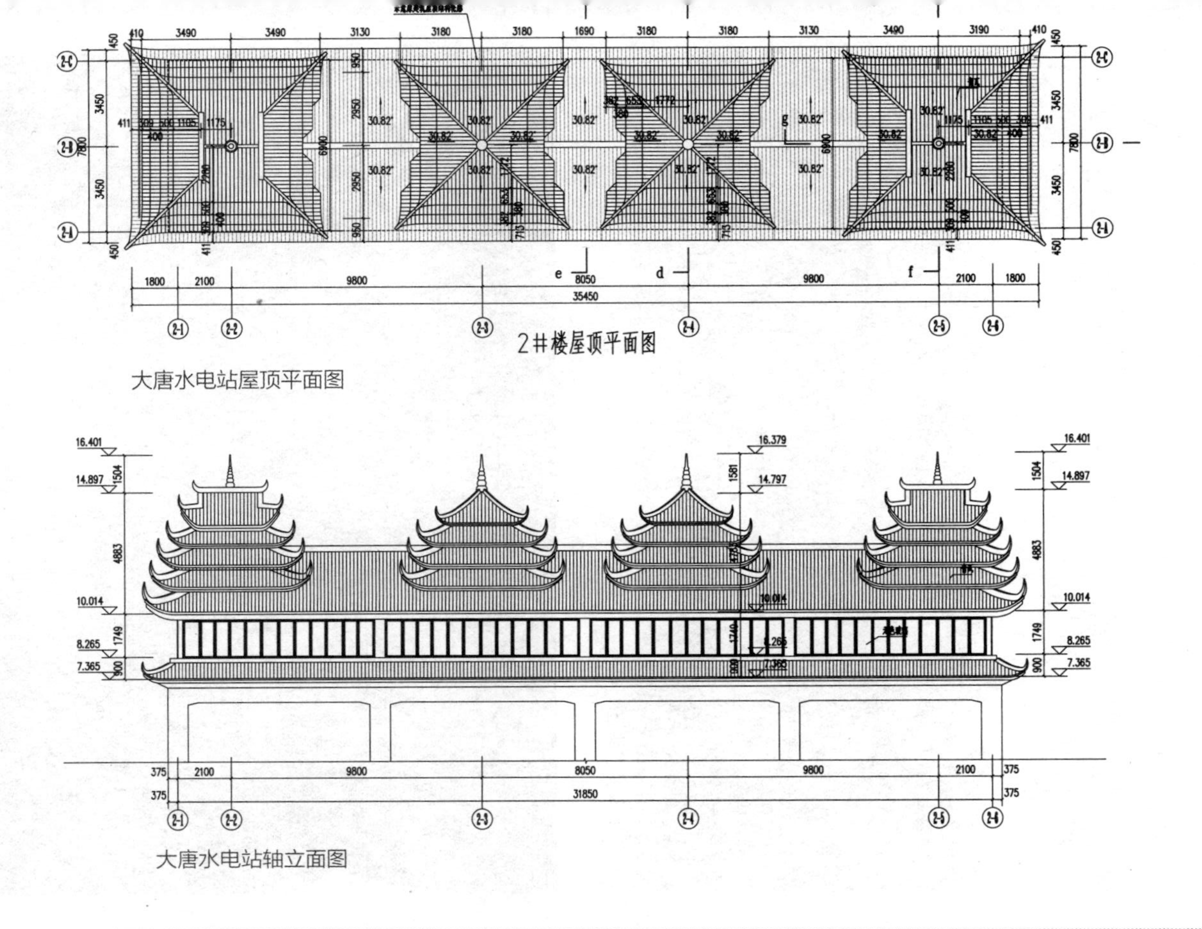

大唐水电站屋顶平面图

大唐水电站轴立面图

3.5.5 高椅村钢架桥

此处为高椅村外围的一处小山谷，距离村落约 500 米，规划在此处修建一座可以通车的桥，避免周边过境车辆对景区交通造成影响。通过反复的推敲调整，最终设计了一座现代风格的风雨桥，桥分为两层，上面可以通车行人；下面可以看书、喝茶、休闲、观光，不仅提高了钢架桥的使用率，而且弘扬了侗族的传统文化。

高椅村钢架桥效果图

高架桥茶室效果图

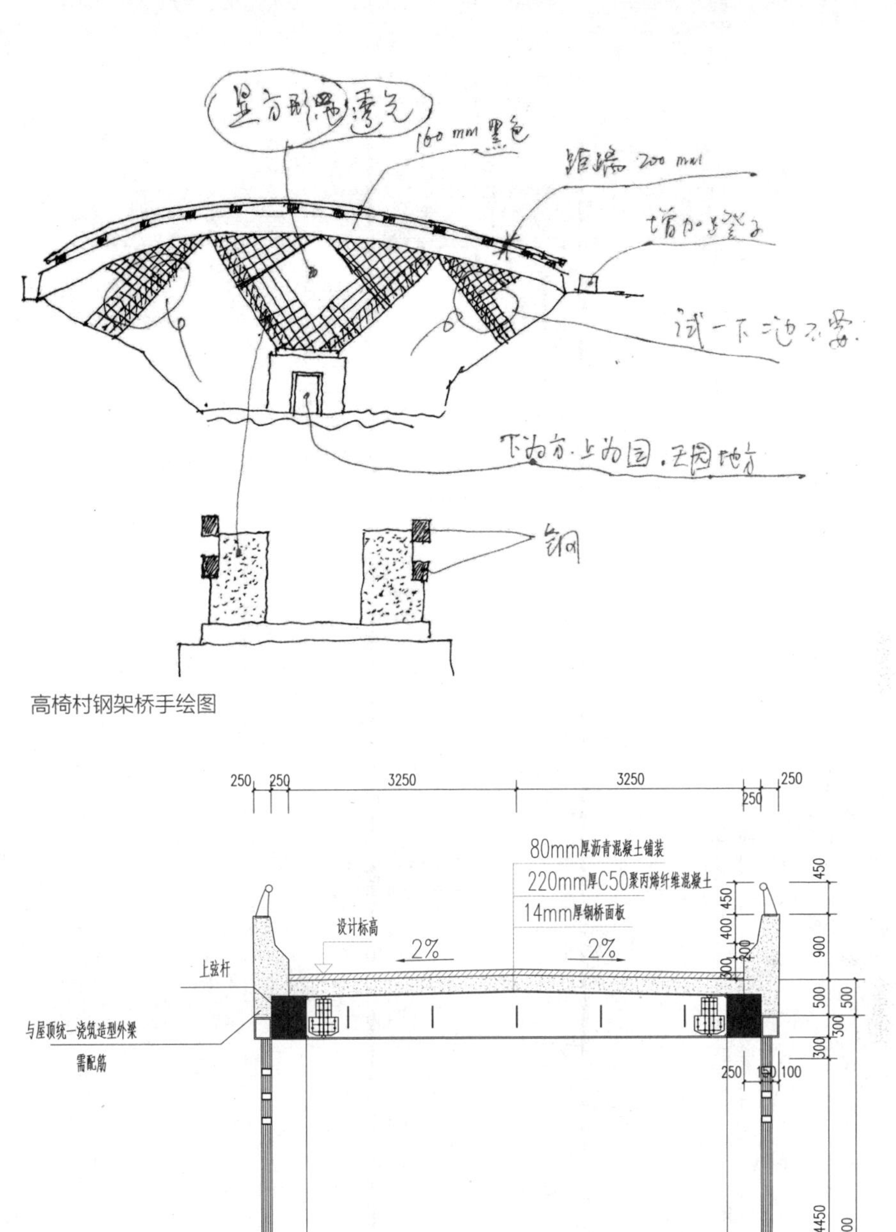

高椅村钢架桥手绘图

高椅村钢架桥剖面图

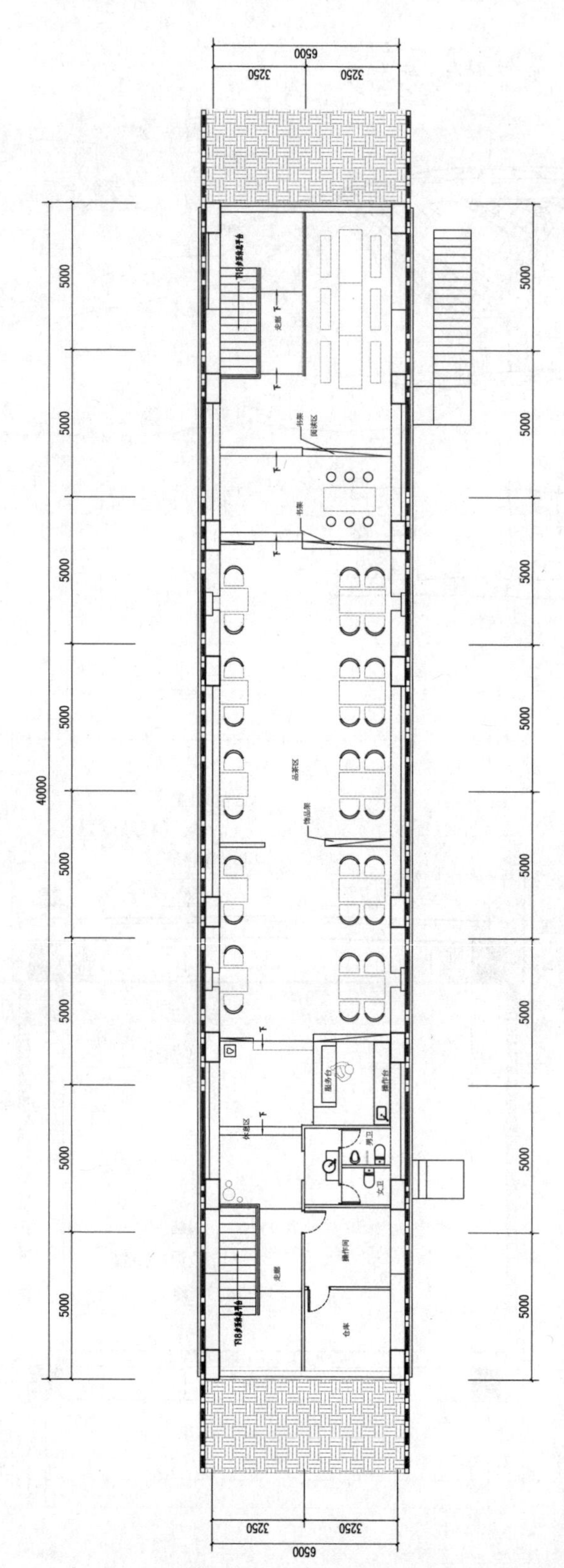

高椅村钢架桥平面布置图

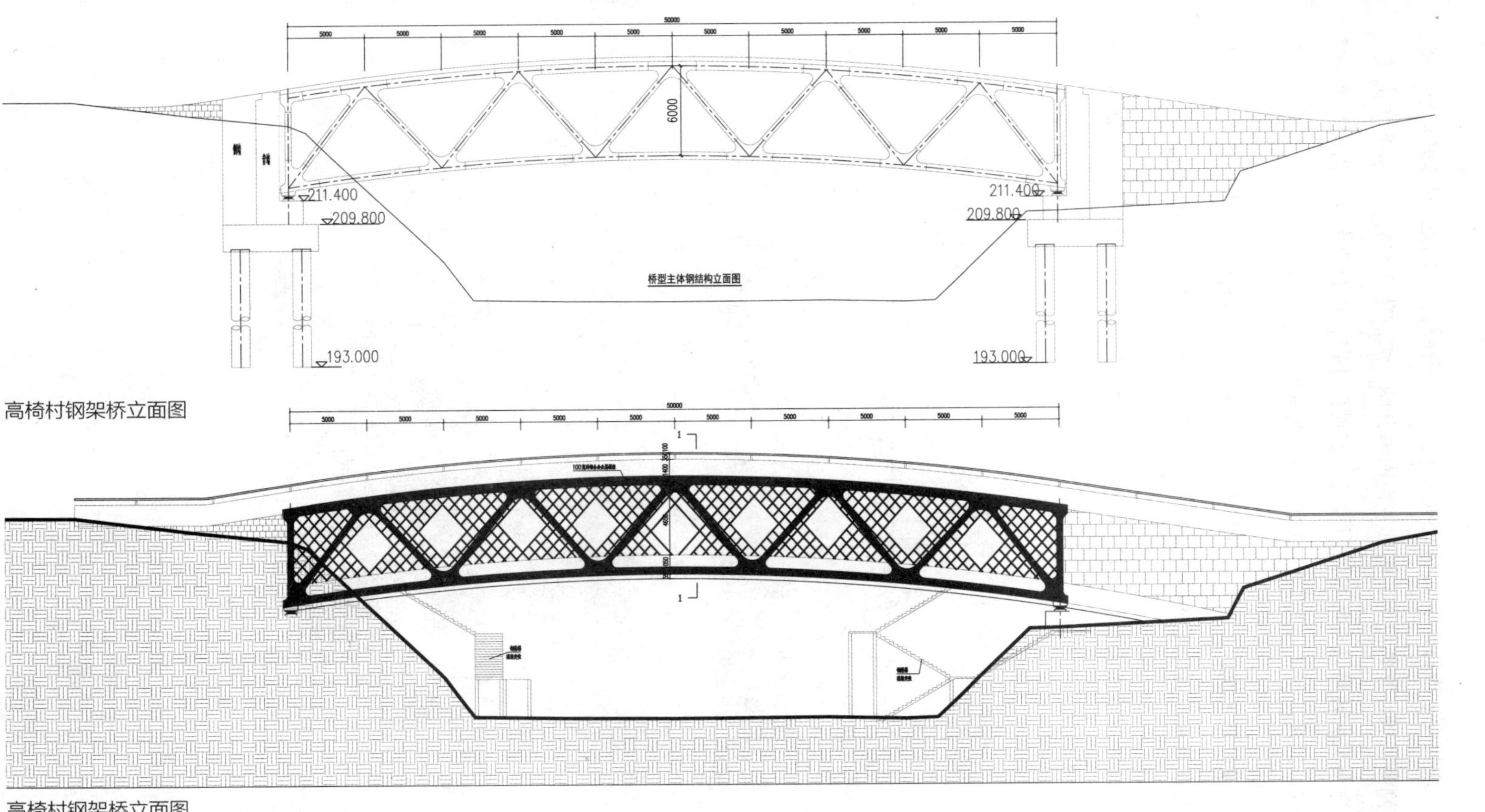

高椅村钢架桥立面图

高椅村钢架桥立面图

3.5.6 农村商业银行

农村商业银行建于20世纪90年代，位于高椅村主街附近，紧邻高椅村牌坊。南侧为民居，紧邻主街，因其主街南侧开阔，可眺望巫水河，环境非常优美。主街与次街转角处有污水处理设备，农村商业银行由营业大厅和信用社办公楼组成，原建筑呈T型布局，总用地面积为489平方米。

设计基于现状，计划将原营业厅拆除新建，对原来信用社办公楼进行改建，并且在尊重原有地形和场地基础上，营造出宜人的主次街转角空间。

设计新建建筑面积107.6平方米，改建建筑面积440平方米，总建筑面积547.6平方米。

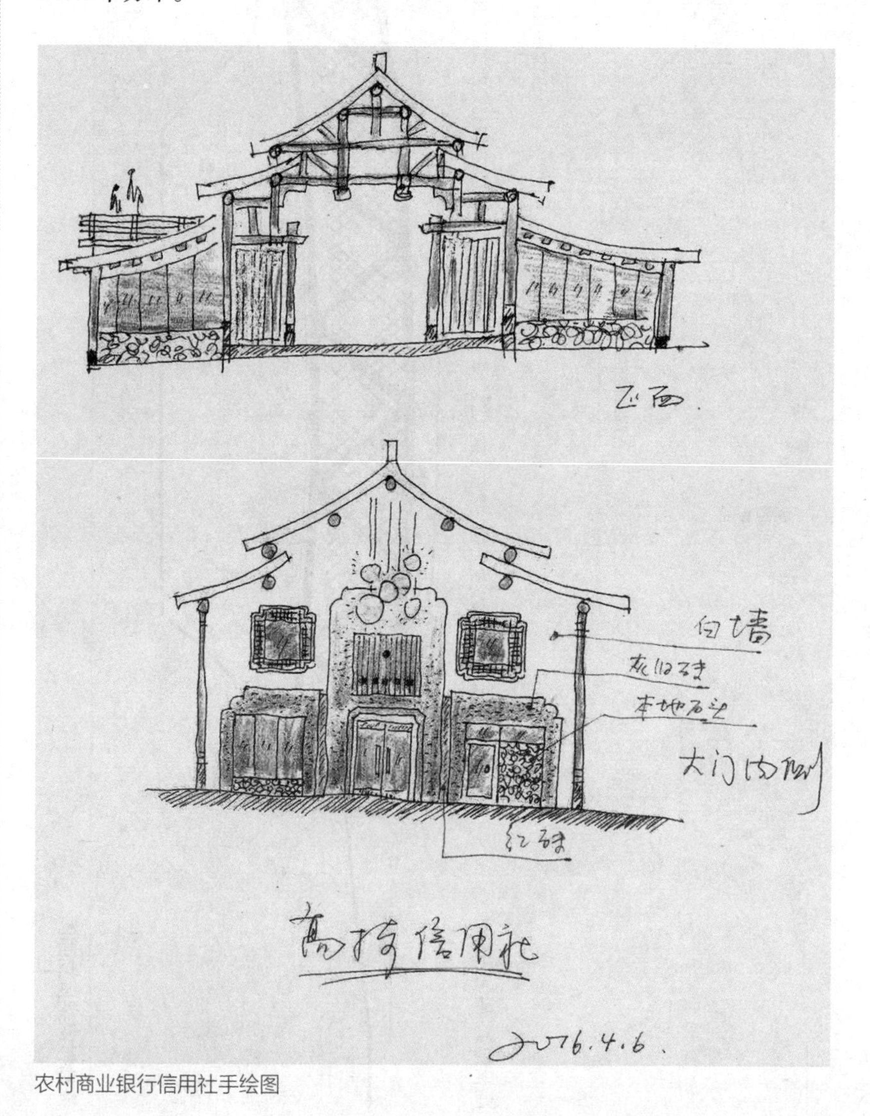

农村商业银行信用社手绘图

农村商业银行改造前实景

农村商业银行改造后效果图 1

农村商业银行改造后效果图 2

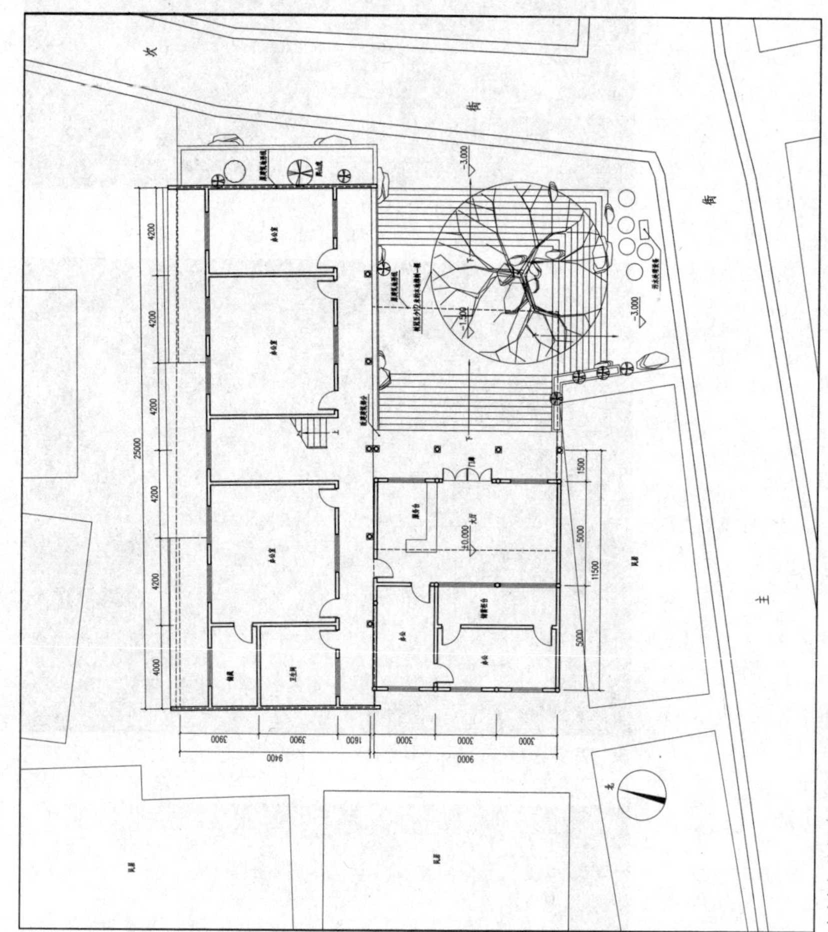

农村商业银行一层平面图

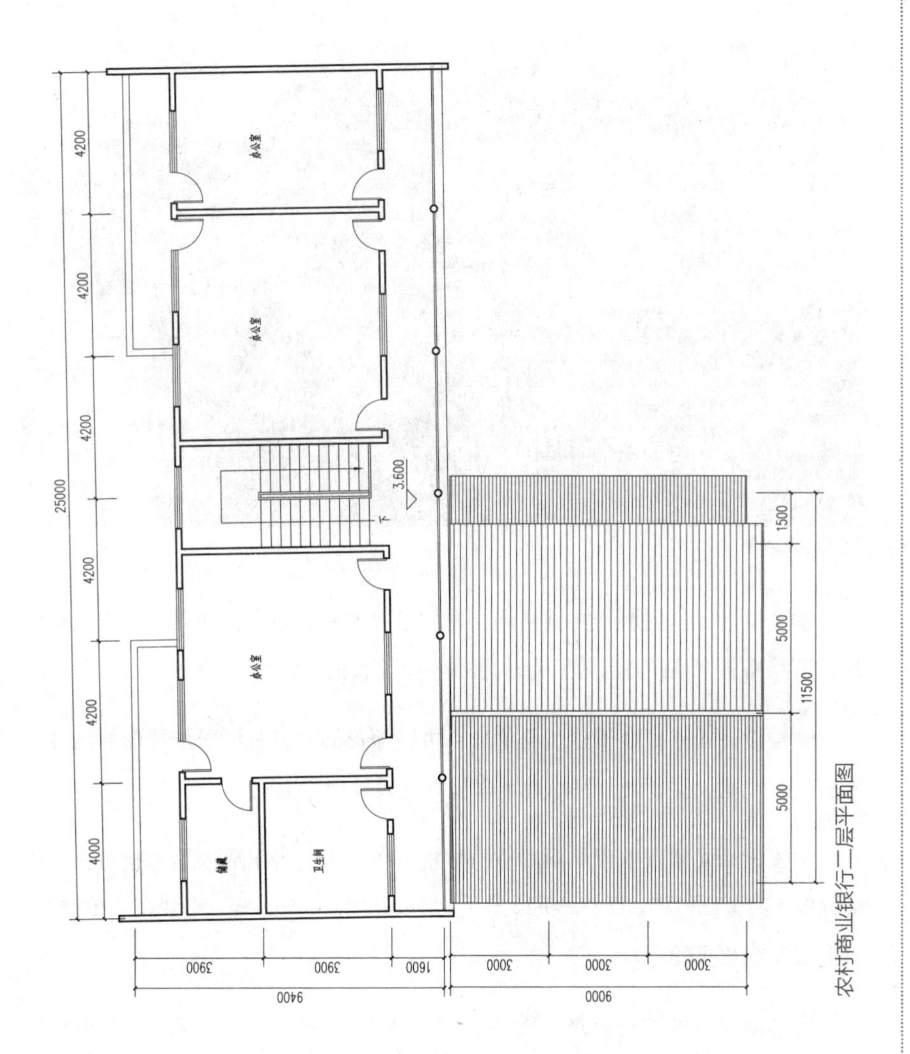

农村商业银行二层平面图

3.5.7 高椅乡学校

学校位于沱江之西，紧邻高椅村落，一条道路从场地的东侧穿过。植被以菜地和竹林以及杉林为主，这符合高椅村当地的自然气候条件：高椅村所在地属于中亚热带季风湿润气候区，热量较丰富，严寒较短，盛暑不长；光能较充足，冬季时间较短；立体气候明显，小气候差异大。

新建学校效果

学校设计元素提取于古城格局：古城以大塘和五通庙为核心，呈梅花状格局，道路将各个系统连接在一起，形成一个完整的系统。

学校设计元素提取于建筑与地形：古村地形高差大，民居与地形的结合方式多变，空间灵活，充分利用地形来规划、设计建筑空间。

学校设计元素提取于风雨廊桥：廊桥由桥、塔、亭组成采用木料筑成，桥面铺板，两旁设栏杆、长凳，桥顶盖瓦，形成长廊式走道。塔、亭建在石桥墩上，有多层，檐角飞翘。

概念演变：场地高差最大处达 21 米，整体地形成台地式布局。合理利用不宜建设区设置跑道，采用侗族风雨桥的设计原理。利用高差形成跑道下的灰空间。同时，结合古城的“梅花式”空间布局方式来布置建筑功能。结合场地高差与道路的关系设置出入口，形成三个建筑空间。结合道路现状对场地的影响和场地对于高椅村和沱江的景观视线，形成建筑空间。保护现状建筑，重新解构建筑空间，重构并平衡建筑空间，将配套空间合理设置在现有高差空间中，形成丰富的建筑空间。

学校效果图

学校操场效果图

学校入口效果图

3.5.8　竹木舟酒店

设计理念：自然生长、农居生活。

设计元素：山石、毛竹、青砖、白墙、木结构、农田。

设计说明：保留历史记忆，运用现代乡土理念，植入新功能。广场所在的区域位于村口的核心位置，由竹木舟酒店、文化广场以及休闲停车场构成。广场中央的舞台在特定时间变身为乡村传统戏剧的表演舞台，而此时周边的开阔空间则成为观赏表演的最佳位置。

竹木舟酒店建筑沿用古村现有材质，但并不刻意复制，也不过分追求城市化的形态，力求在保持地域性的同时，呈现局部新气象，身兼古与新的双重个性。

酒店内部是建筑群围合而成的小庭院，竹木廊亭连接步行小道，采用老石板结合石子铺装，渗水的同时可解决下雨道路泥泞的问题。河边的小鹅卵石，重新用作铺地材料，中间留有缝隙，生长四季农作物，为酒店营造了一派田园诗意风情。

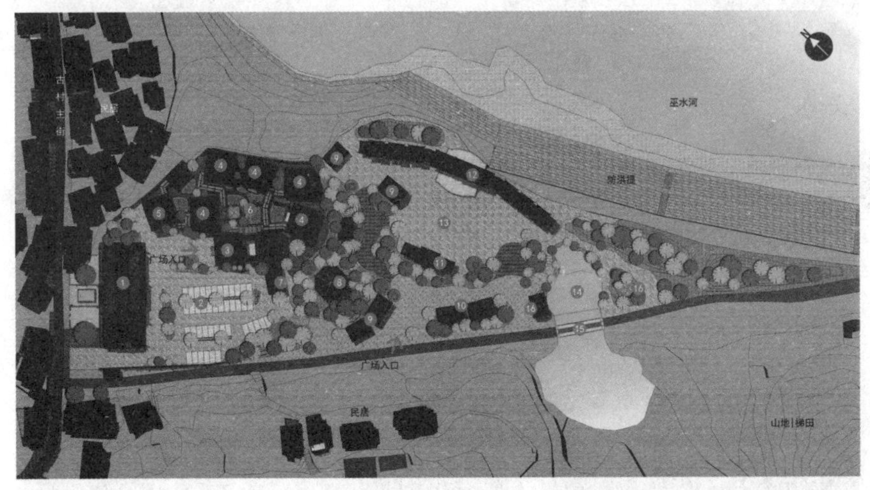

竹木舟酒店区位图

注：竹木舟酒店、古街改造、青年旅社由湖南湖南如一设计顾问有限公司廖仓健等设计。

竹木舟酒店效果图

3.6 古街改造

设计原则：修复、整改、修旧如旧；重建新旧有别，不做假古董。

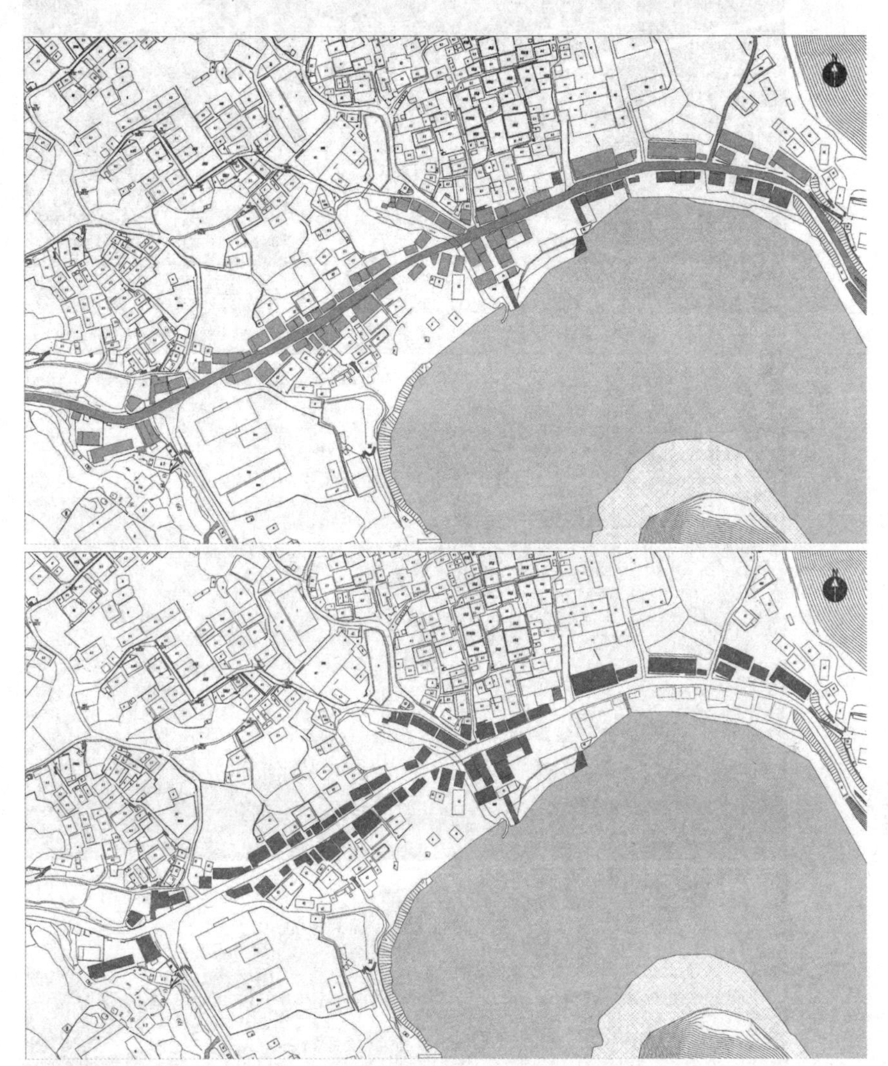

古街改造区位分析

古街改造效果图

古街改造实景

3.7 古建与旧房改造

3.7.1 青年旅社

设计核心：独立的私密空间，体现精装的设计细节，让旅行者感受到家的温馨；开放的公共空间，让旅行者享受家人般的轻松交流。便宜、干净、安全、舒适是青年旅社最基本的要求。

青年旅社由旧房改建，有9间客房，共26个床位，客房分为标间、三人间和铺位，床铺干净整洁，本地匠人打制的杉木家具，折叠衣架，以及抛光混凝土地板。每间客房面积为18~30平方米，另设休息区和工作区。

高椅村游客服务中心实景

高椅村游客服务中心夜景效果图

高椅村室内效果图

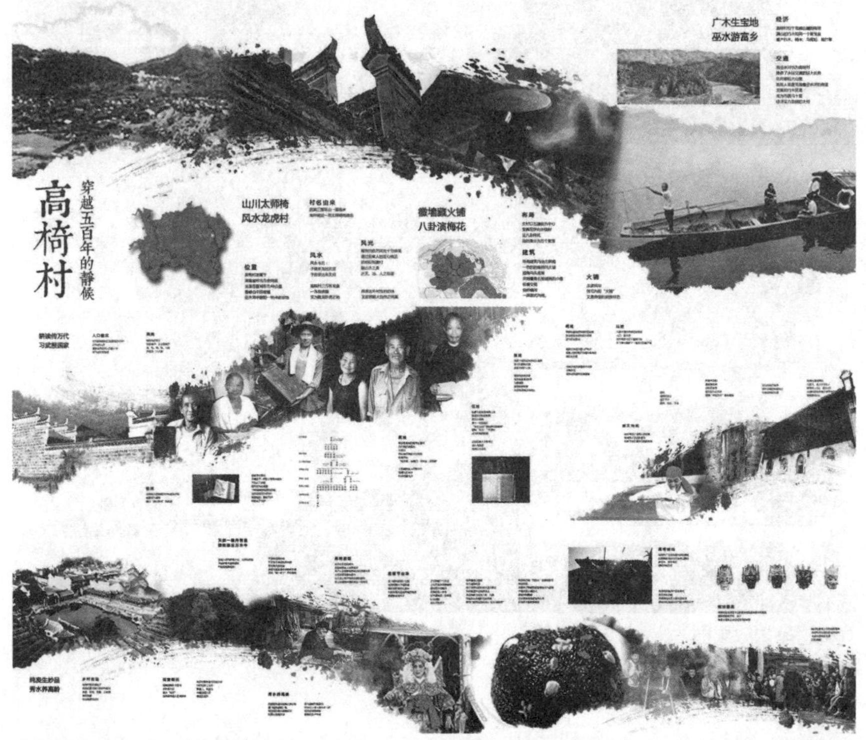

高椅村室内设计元素提取与分析

高椅村室内效果图

高椅村青年旅社客厅实景

高椅村青年旅社客房及公共空间实景

3.7.2 星星小筑

星星小筑（原黄再欢宅）为二层木结构的湘西传统建筑。原建筑的质量较差，房屋前院围墙为混凝土砌块，影响采光和古村风貌，内部隔墙整改。

星星小筑原貌

星星小筑效果图

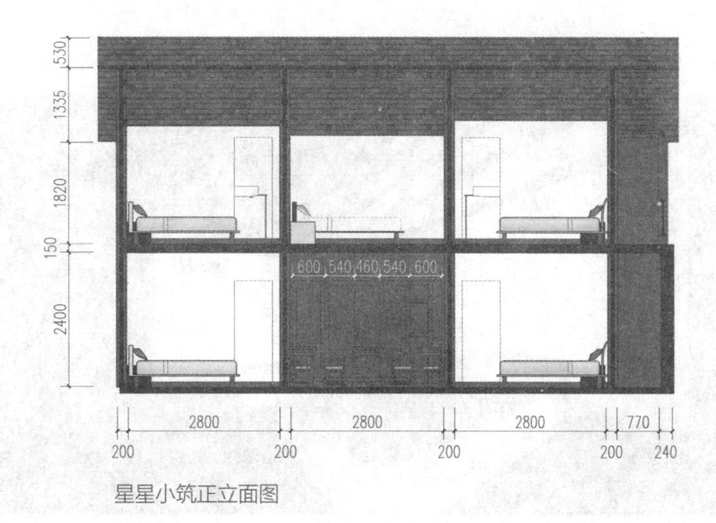

星星小筑正立面图

注：星星小筑、非遗博览园、影剧院由中央美术学院建筑学院何崴教授及其团队设计。

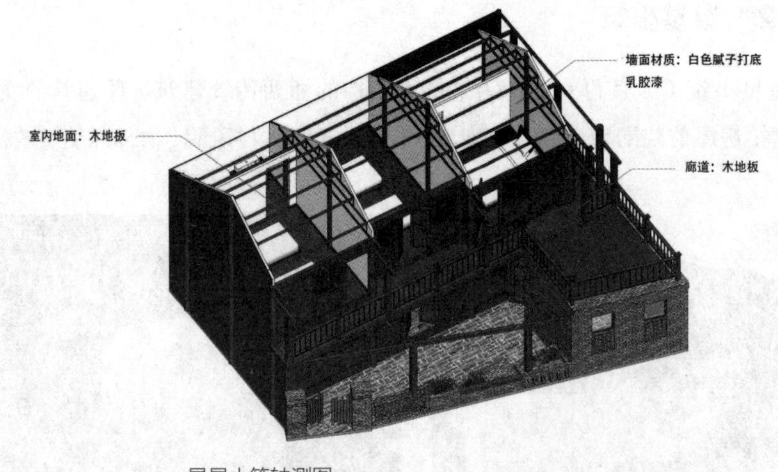

星星小筑轴测图

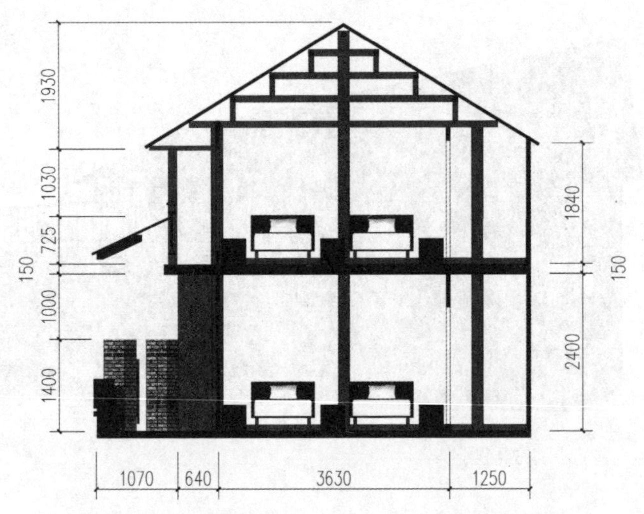

星星小筑侧立面图

星星小筑客房效果图

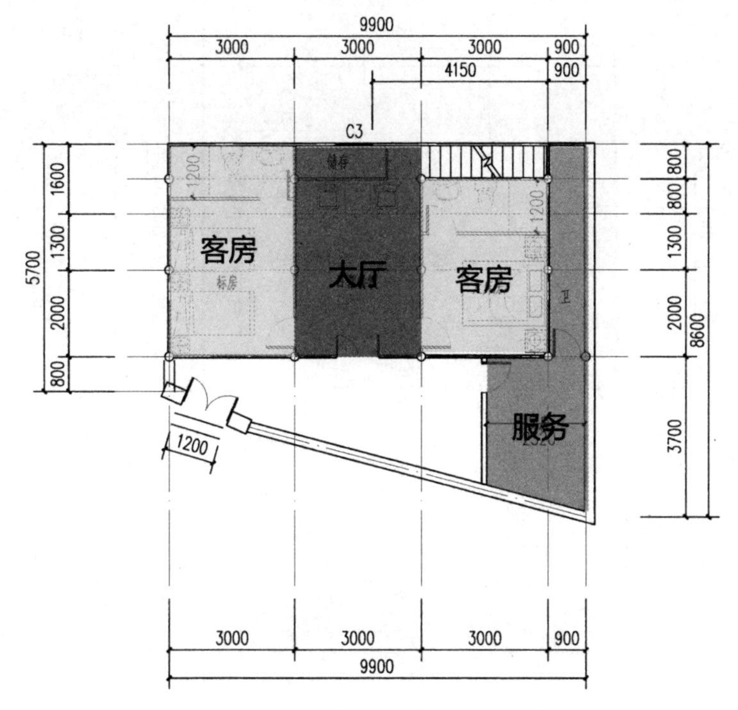

星星小筑一层功能分区图

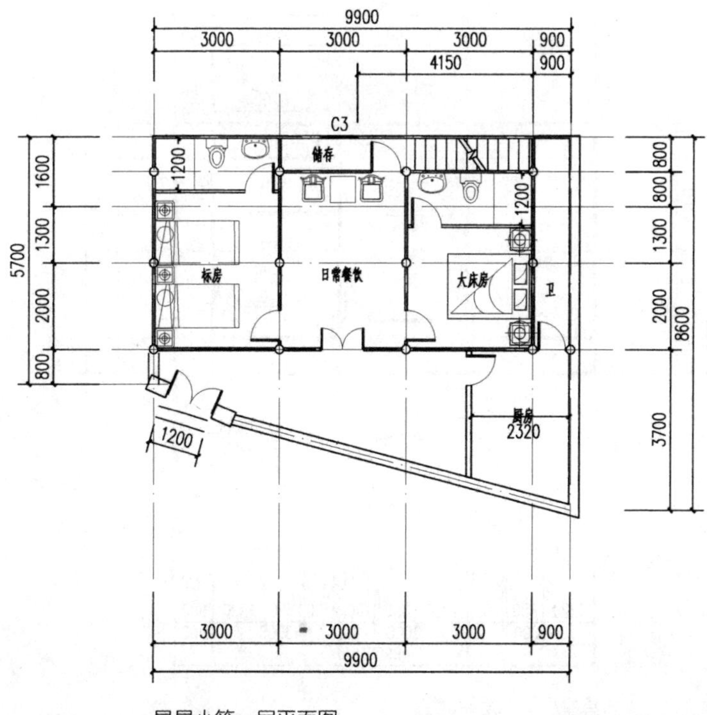

星星小筑一层平面图

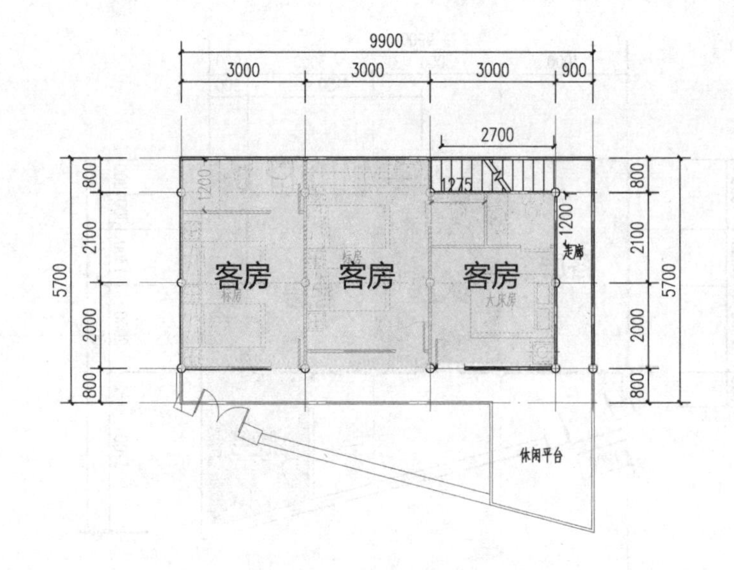

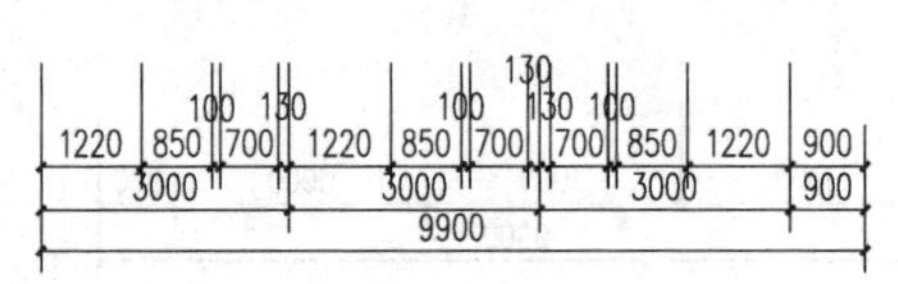

星星小筑二层功能分区图

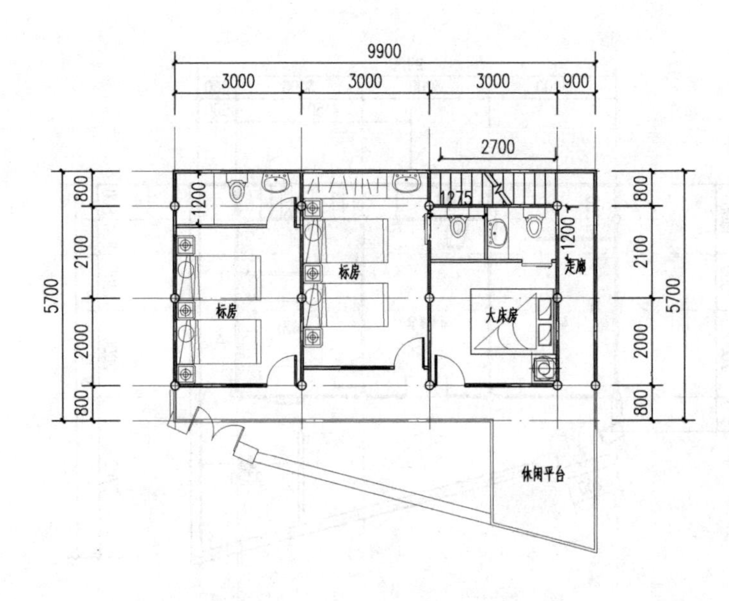

星星小筑二层平面图

星星小筑改造后外立面实景

星星小筑改造后客厅实景

星星小筑改造后卧室实景

3.7.3 老粮仓改造

旧仓库始建于20世纪90年代，最初用作粮仓，毗邻新建卫生院，现在拟改建为卫生院食堂、健康卫生宣讲厅和老年人活动中心。南侧为高椅乡政府，场地东面视野开阔，可眺望巫水河及古村建筑风貌，环境非常优美，原建筑为大跨桁架结构，总用地面积为507平方米。

建筑的主入口设在中间，将内部空间分隔为两大功能区，一部分为食堂，另一部分为康复中心和讲堂。一楼开窗，加强通风和采光。保留原有的木质房屋结构，进行加固和翻新处理。充分利用房屋的层高优势（到屋檐的高度约为4.8米），设置夹层空间，丰富空间的层次。

本次改建建筑面积737.03平方米，比原建筑面积增加230.03平方米。

改造前的老粮仓

改造后的老粮仓

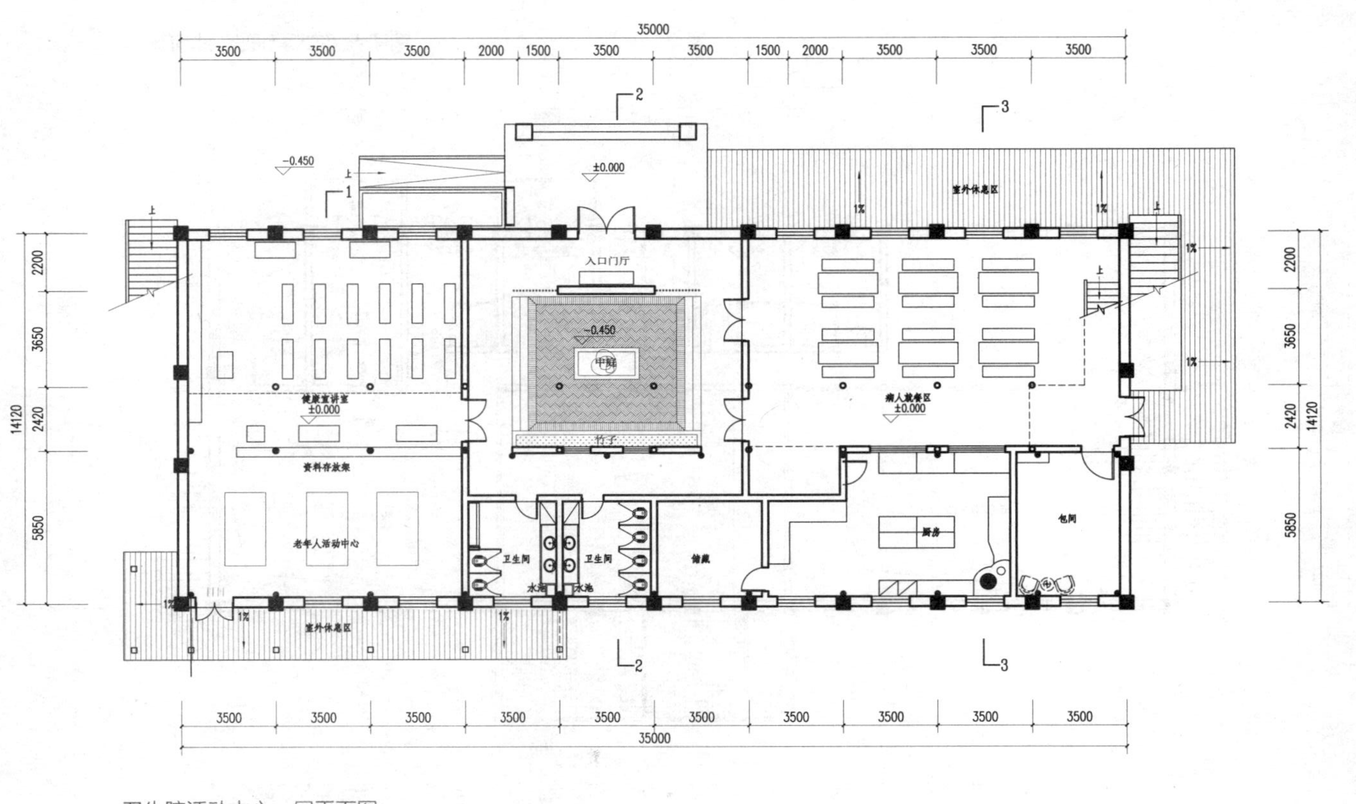

卫生院活动中心一层平面图

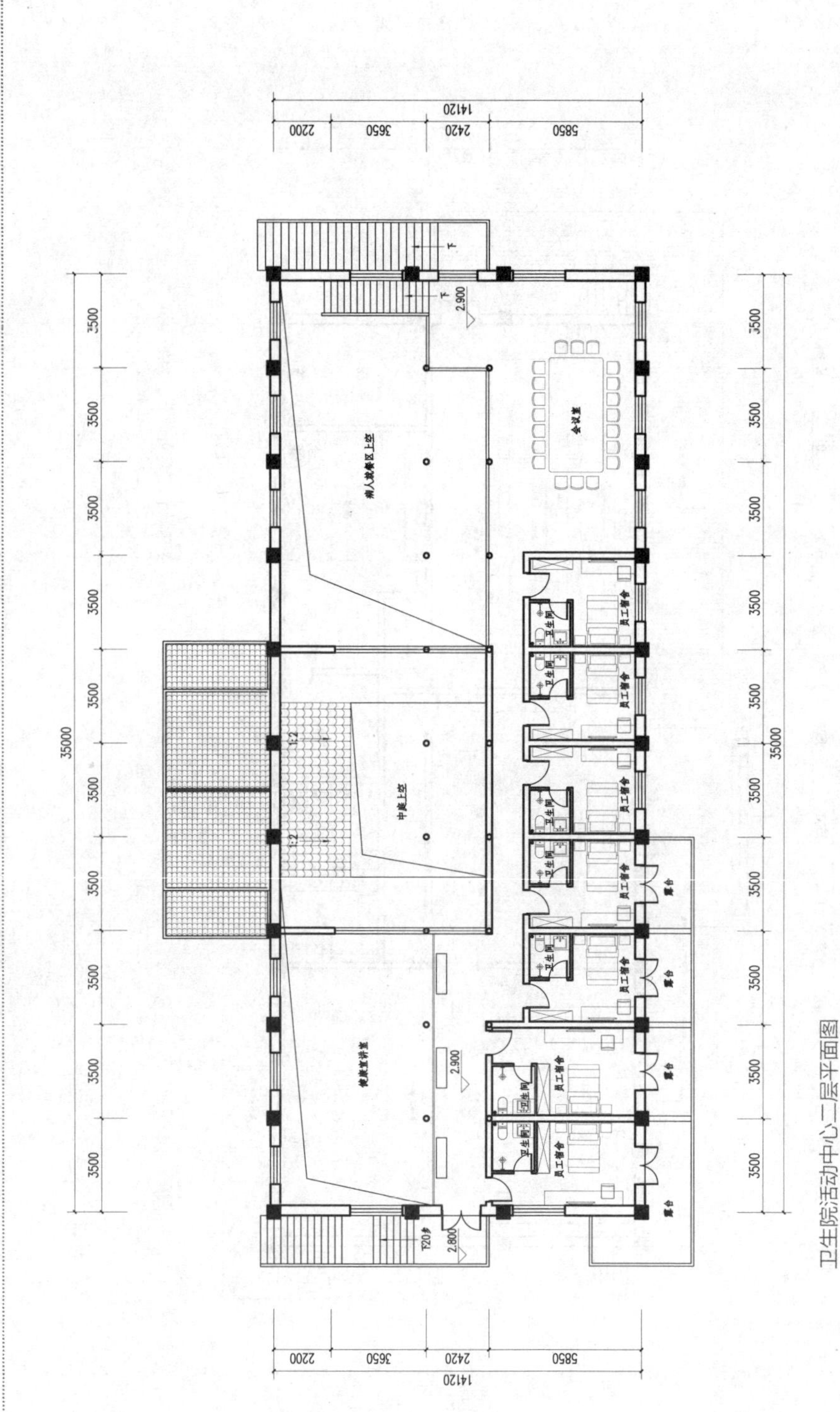

卫生院活动中心二层平面图

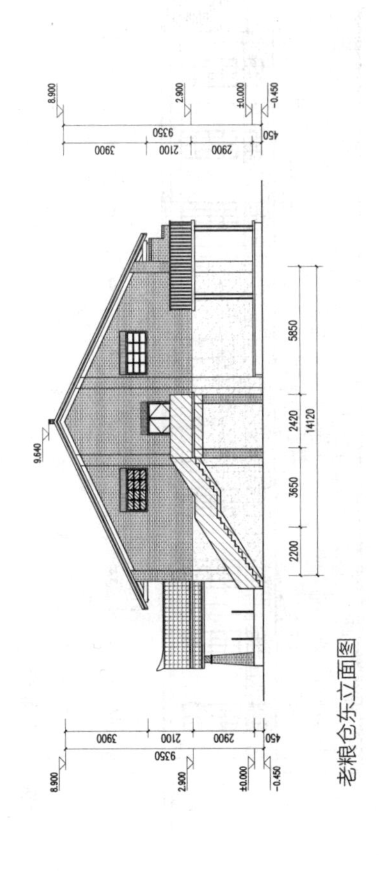

老粮仓东立面图

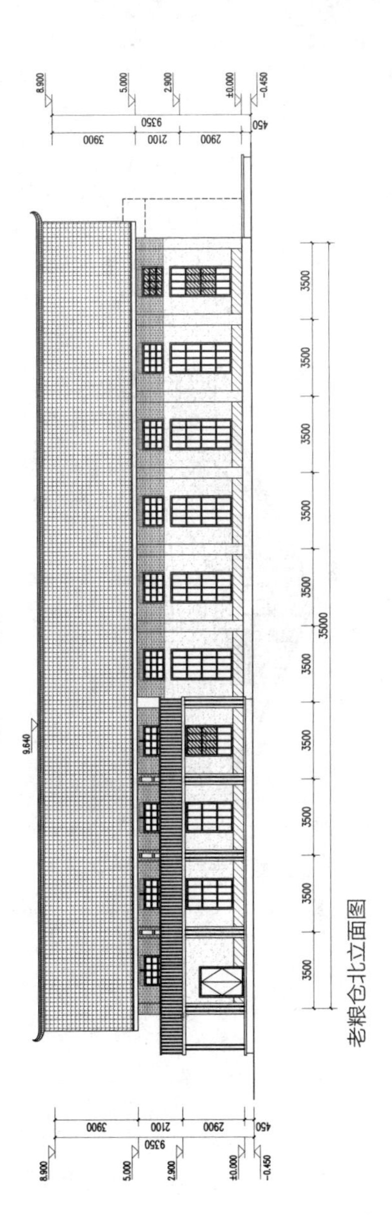

老粮仓北立面图

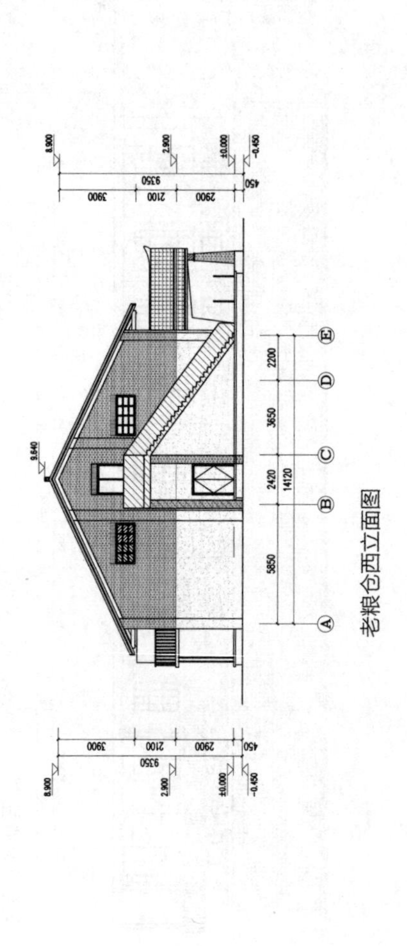

老粮仓西立面图

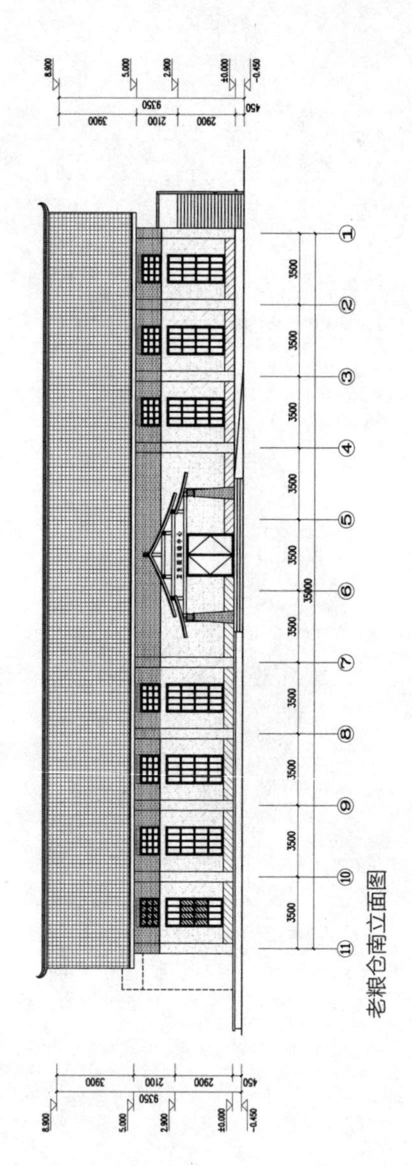

老粮仓南立面图

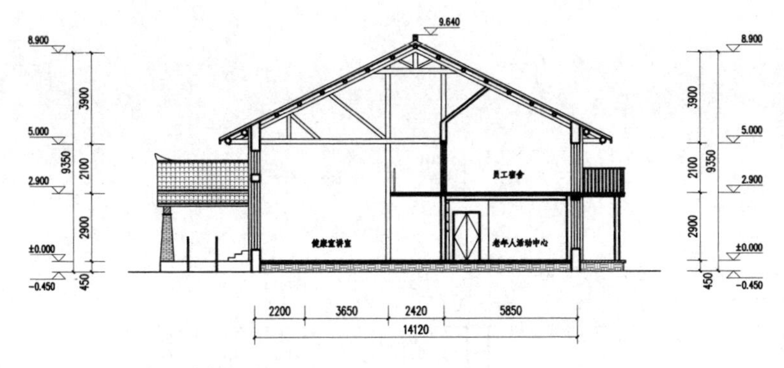

老粮仓剖面图 1

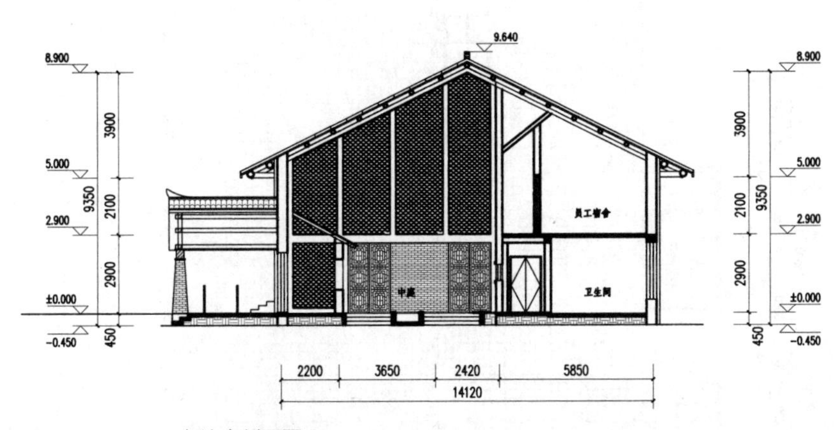

老粮仓剖面图 2

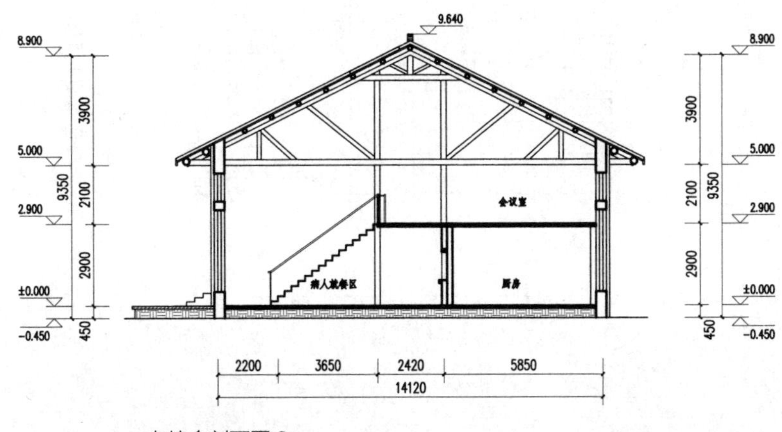

老粮仓剖面图 3

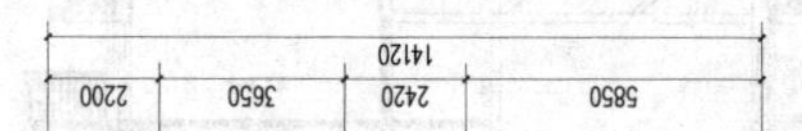
14120
2200
3650
2420
5850

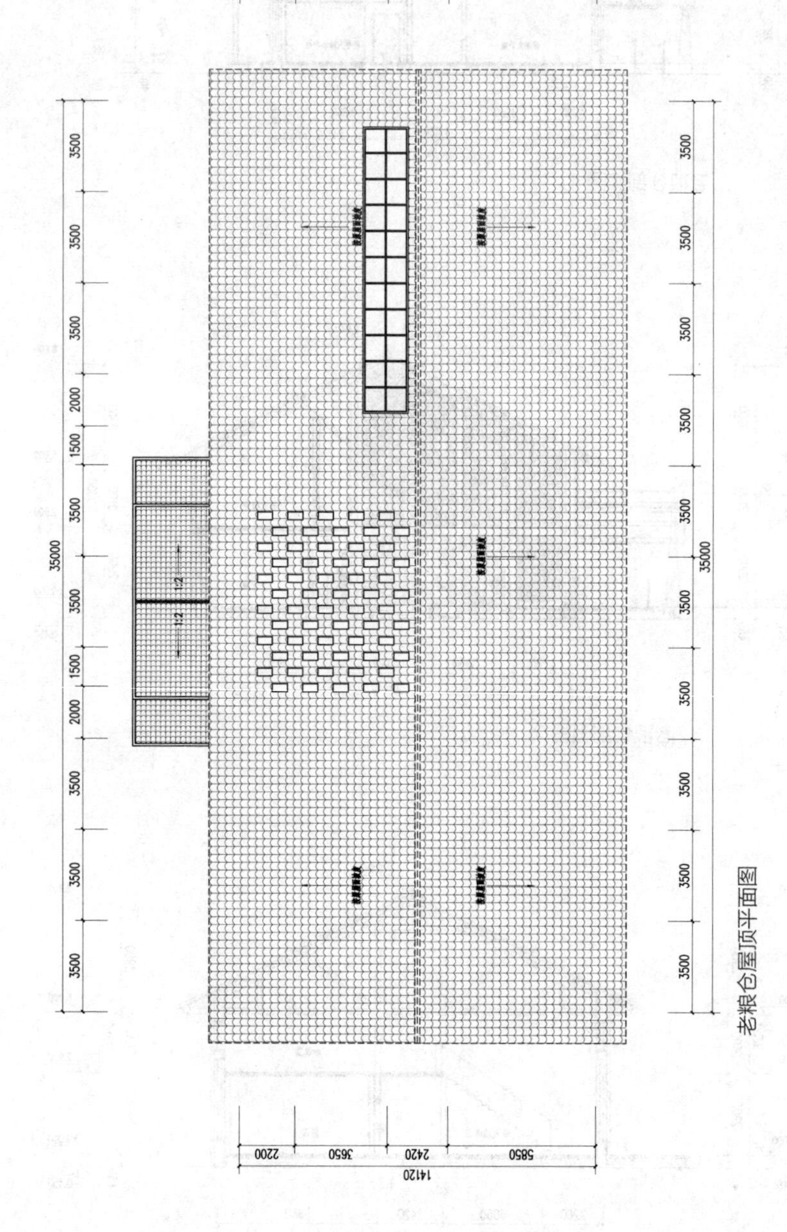
3500
3500
3500
2000
1500
3500
35000
3500
1500
2000
3500
3500
3500
1:2
1:2
3500
3500
3500
3500
3500
3500
3500
3500
3500
35000
14120
2200
3650
2420
5850

老粮仓屋顶平面图

老粮仓改造后室内实景

改造后的内部细节

改造后的食堂室内效果图

3.7.4 菜园酒店

高椅村十甲小学建于20世纪70年代，位于高椅村西北角，紧邻蒋太君墓。高椅村小学原来由一栋教学楼和办公楼组成，规划呈L形布局，操场前为开阔的菜地与荷塘，远处山脚下依稀坐落着几处民居，环境非常优美。校舍荒废多年，部分木楼板破损腐朽，屋顶多处漏水，但主体结构保存完整。高椅村小学总用地面积为1692平方米，原有建筑面积为931平方米。

政府计划将这里，改造成具有一定接待量的高端民宿酒店以及美术师生的写生基地。

由于小学紧邻古村，周边都是传统侗族民宅。为了与周边民宅风格相协调，打造一个极具地域特色的民宿，建筑立面的改造设计采用大量的传统建筑元素，但并非完全将其改成传统样式，而是保留真实性，延续历史风貌。

高椅村小学原为L形布局，计划在另一侧新建一栋二层楼的房子。为了避免对街巷产生压迫感，二层采用架空处理，一方面形成更具围合感的三合院，朝菜园方向打开，另一方面使功能更加完善，增加客人交流、休憩的空间。

菜园酒店效果图 1

菜园酒店效果图 2

菜园酒店大堂效果图

菜园酒店客房一效果图

菜园酒店客房二效果图

1）方案 1

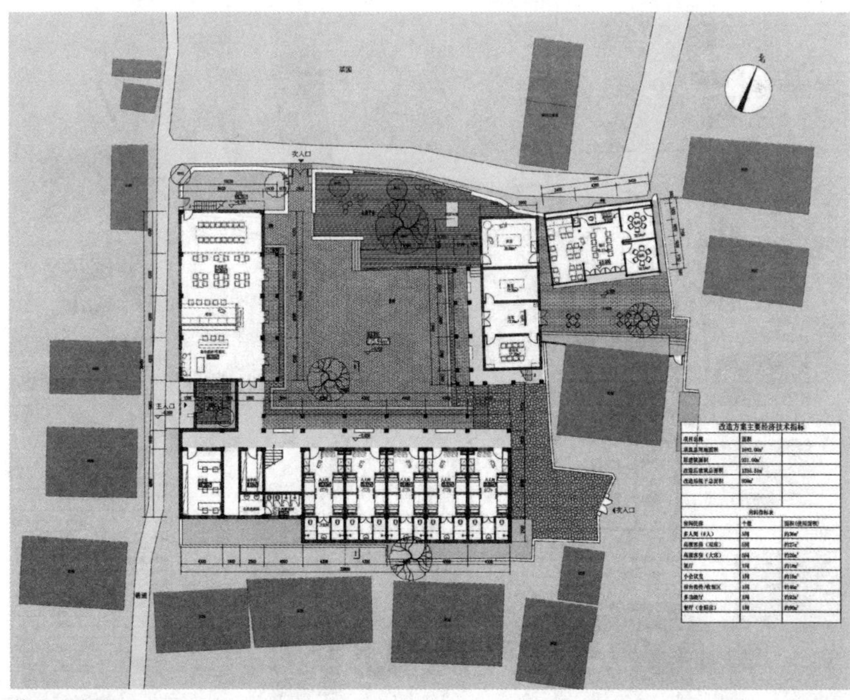

菜园酒店平面图

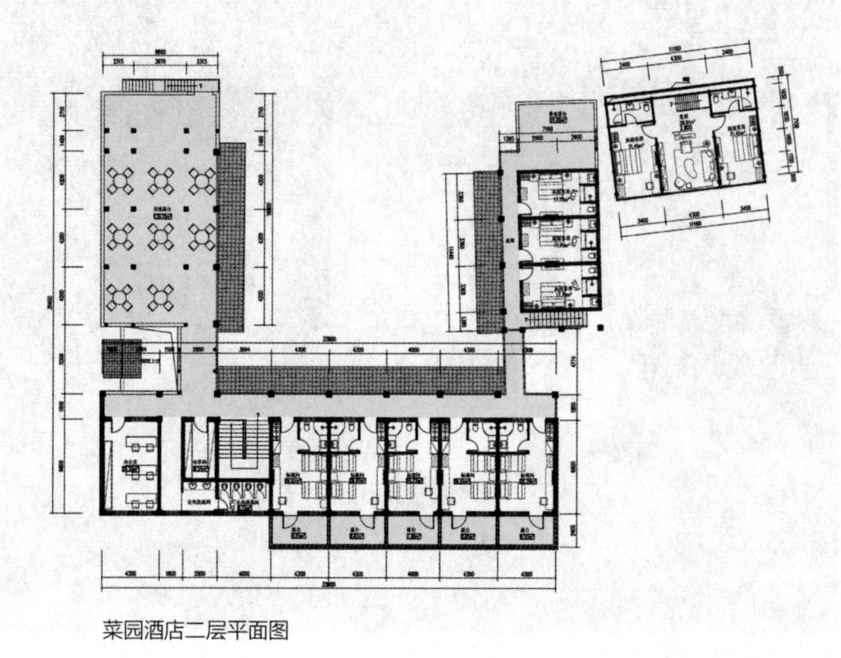

菜园酒店二层平面图

2）方案 2

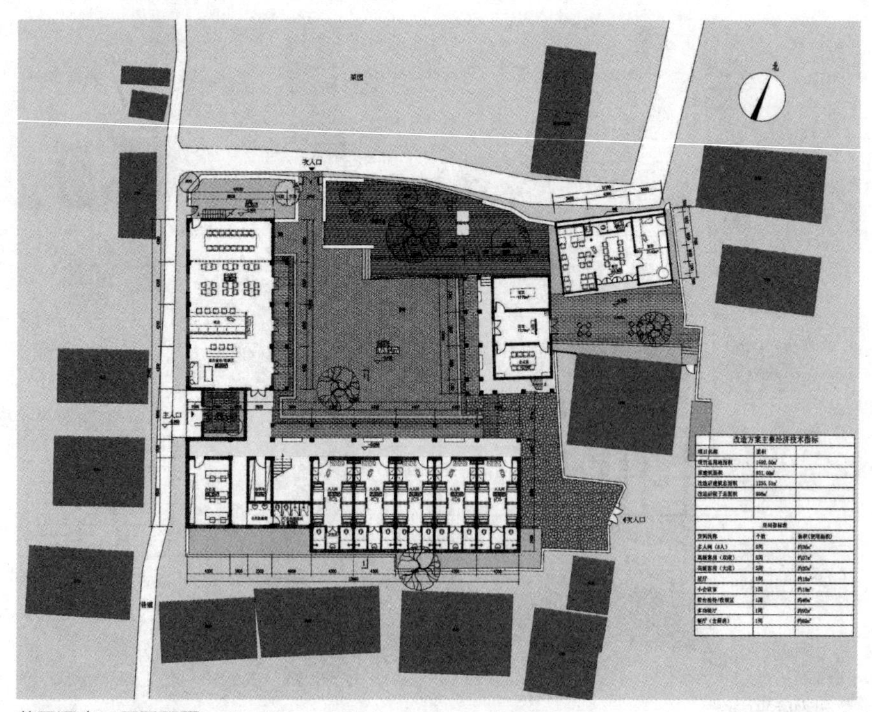

菜园酒店一层平面图

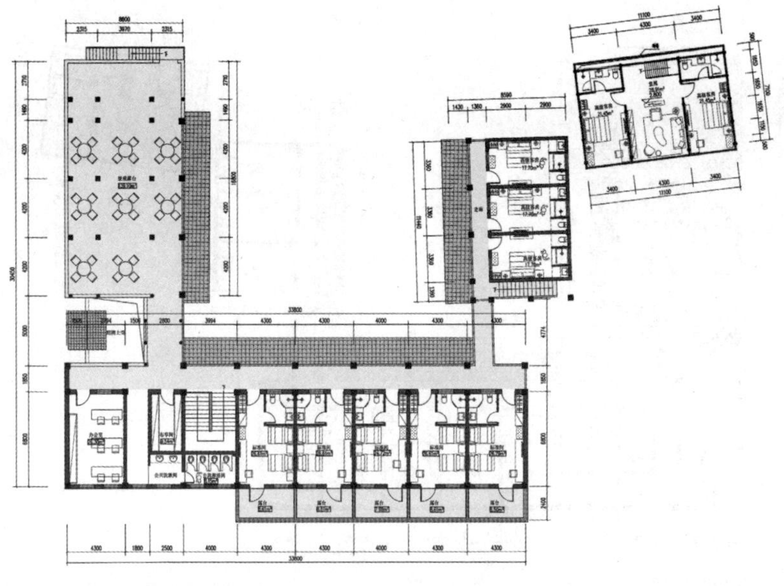

菜园酒店二层平面图

3）方案 3

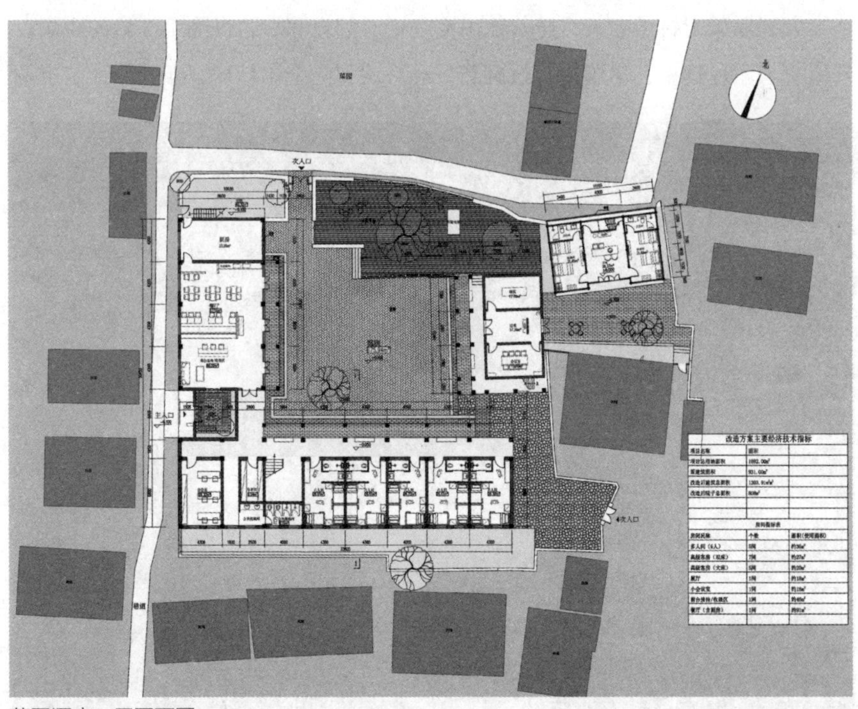

菜园酒店一层平面图

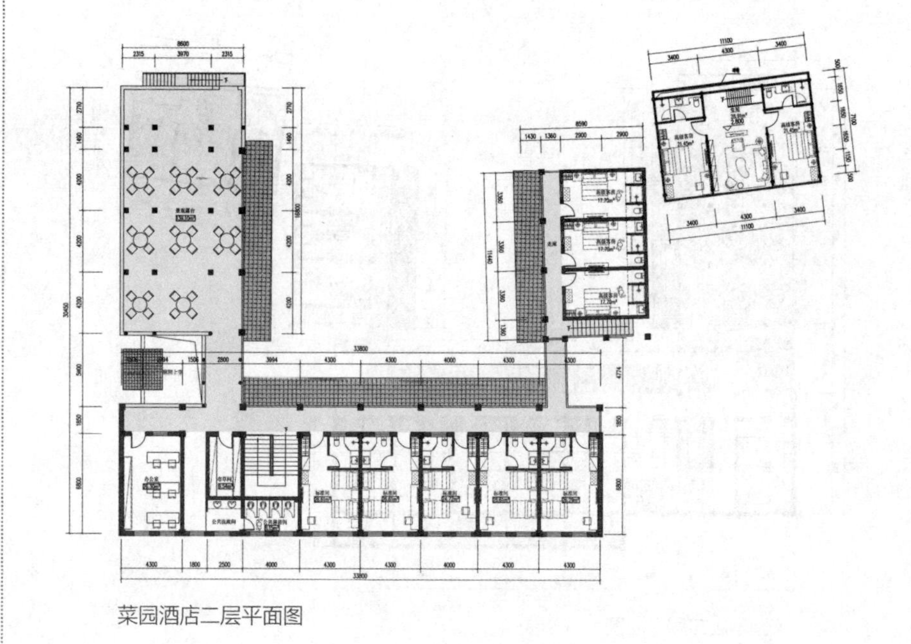

菜园酒店二层平面图

3.7.5 大兴屋改造

大兴屋位于村子中央，与其他民宅一样，与左邻右舍仅隔 1~3 米的距离。房屋主人不住这里，房屋进行过翻新处理。房屋为全木结构，四开间，上下两

大兴屋改造室内效果图 1

层共 8 间房。前院虽然狭窄，但格外宁静。计划将此改造成一个纯粹的村民家庭式民宿。楼下设堂屋（客餐厅）、接待厅、厨房、卫生间。其他房间为标准的体验式客房。室内设计注重舒适性、实用性，而非一味追求仿古或情怀而选用一些不实用的家具用品。

大兴屋改造室内效果图 2

大兴屋改造室内效果图 3

大兴屋改造前实景 1

大兴屋改造前实景 2

大兴屋改造前实景 3

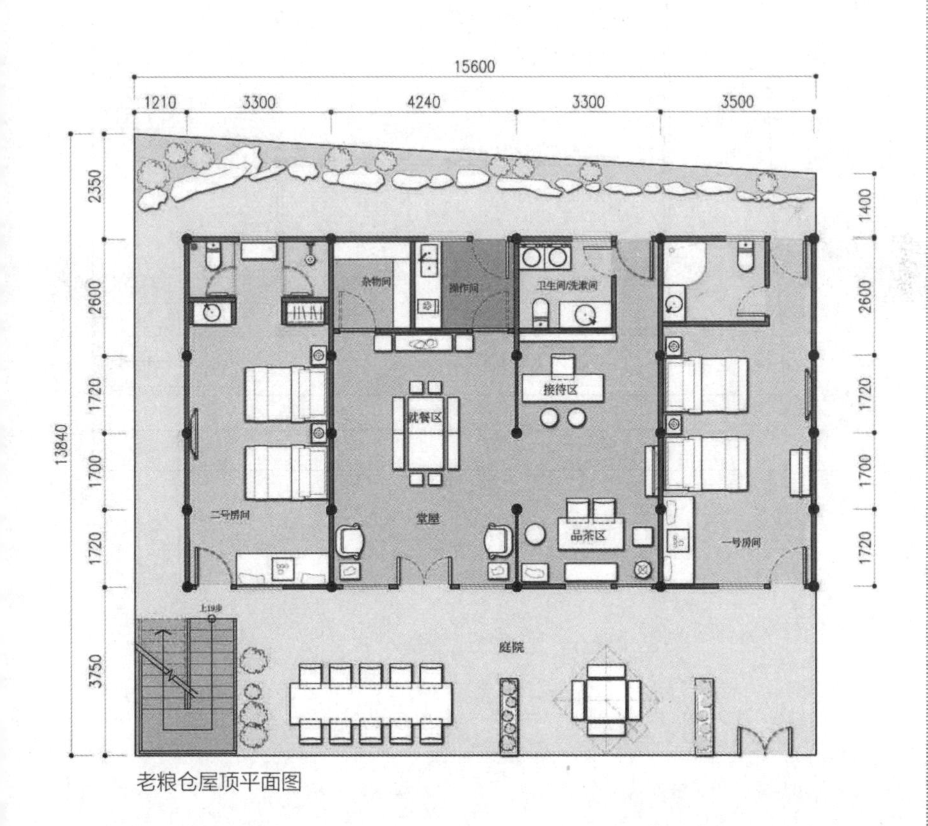

老粮仓屋顶平面图

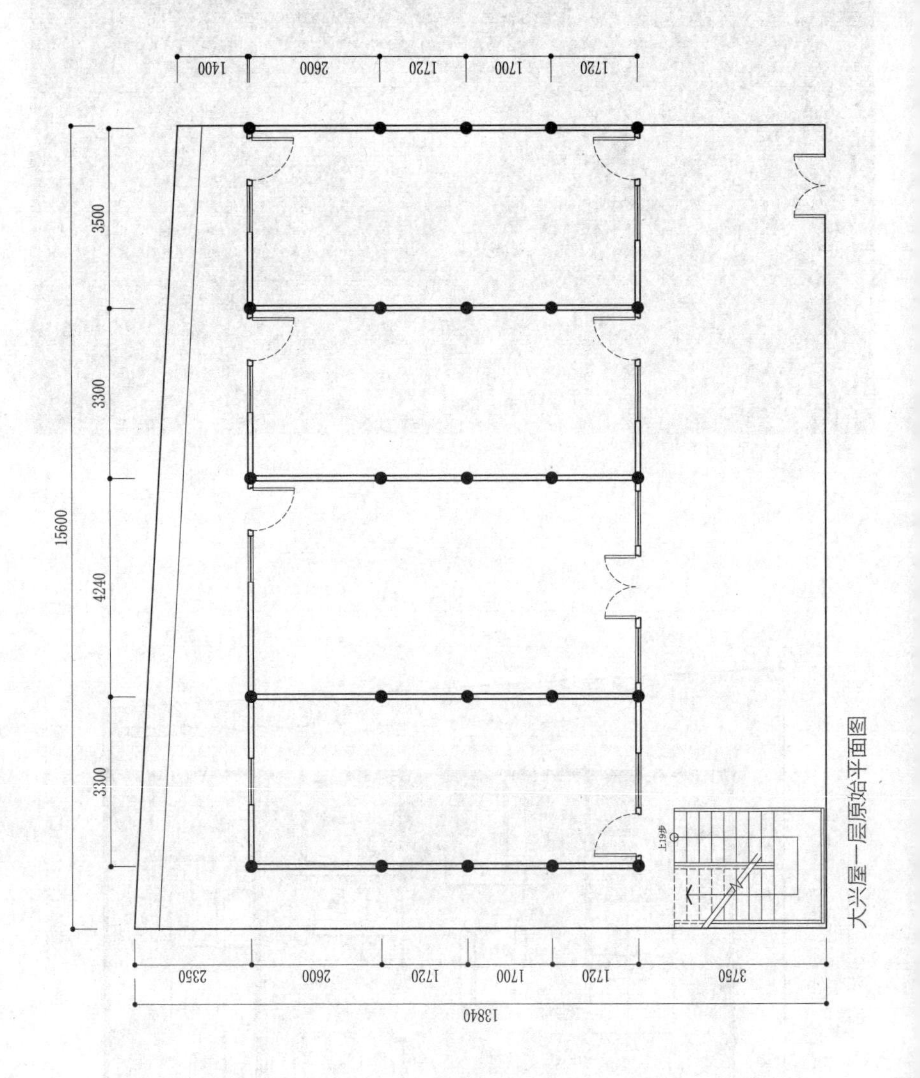
1400
2600
1720
1700
1720
3500
3300
4240
3300
15600
2350
2600
1720
1700
1720
3750
13840

大兴屋一层原始平面图

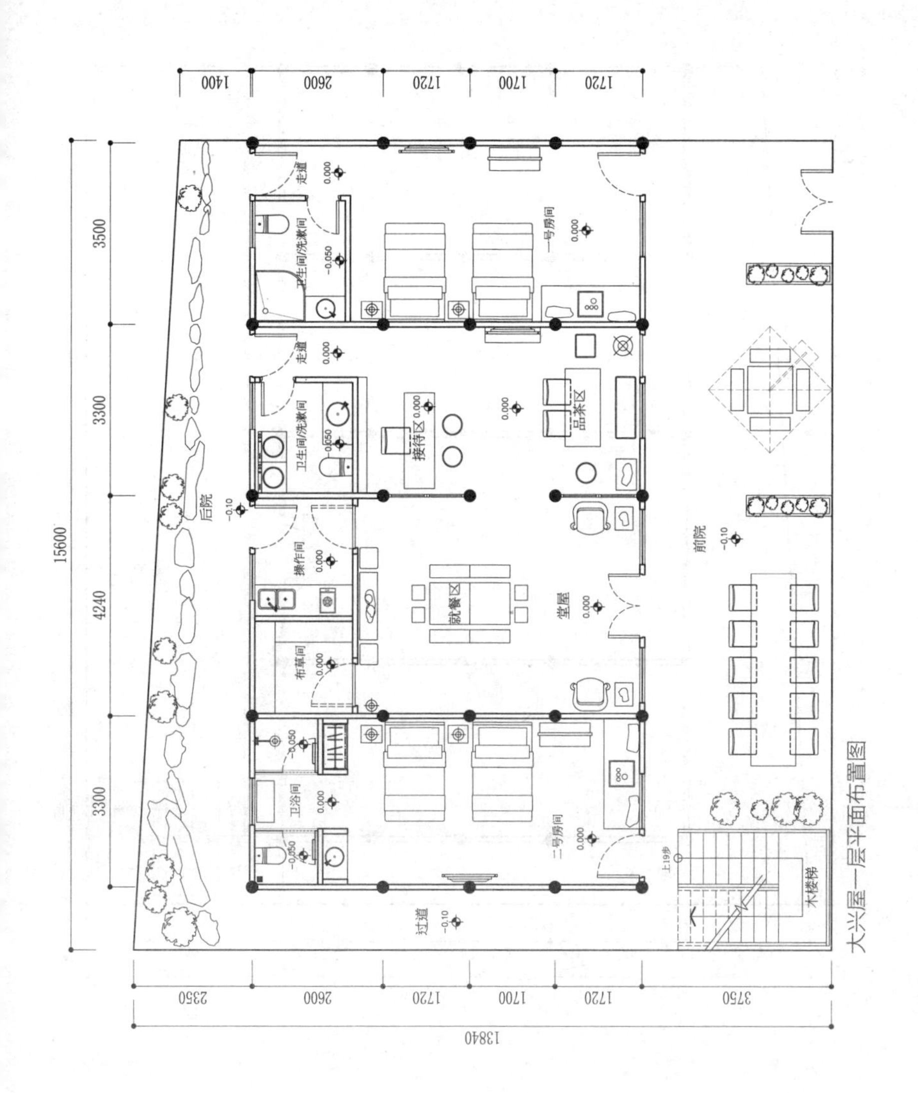
后院
前院
堂屋
就餐区
接待区
品茶区
一号房间
二号房间
卫生间/洗漱间
操作间
布草间
卫浴间
走道
过道
木楼梯
上19步
15600
3500
3300
4240
3300
1400
2600
1720
1700
1720
2350
2600
1720
1700
1720
3750
13840

大兴屋一层平面布置图

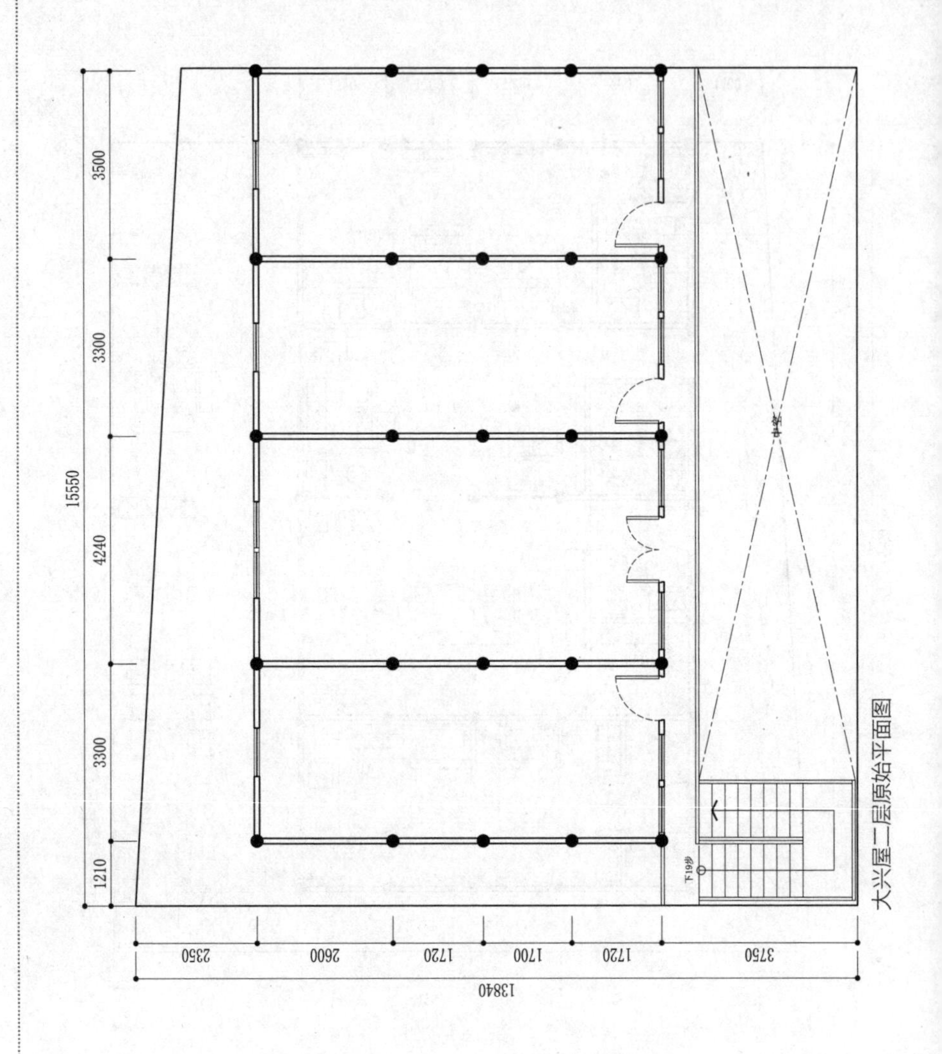
15550
3500
3300
4240
3300
1210
2350
2600
1720
1700
1720
3750
13840
下19步

大兴屋二层原始平面图

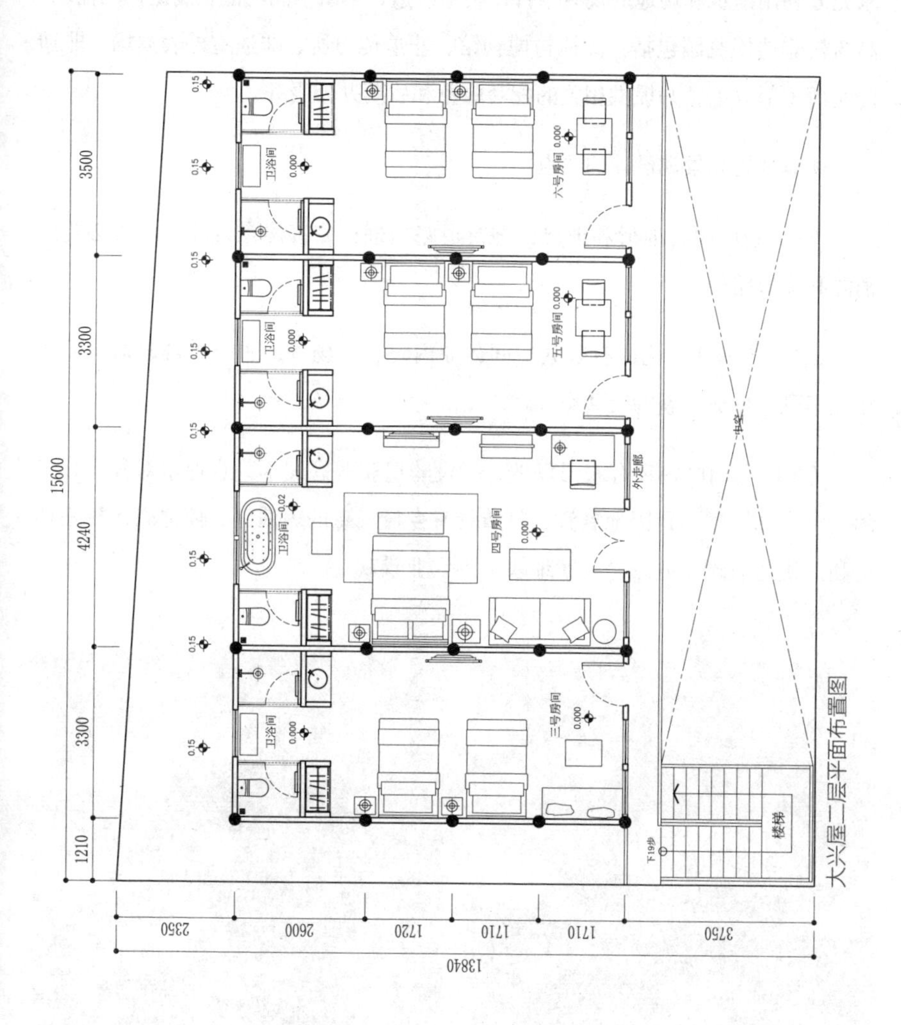
15600
3500
3300
4240
3300
1210
2350
2600
1720
1710
1710
3750
13840
卫浴间
六号房间
五号房间
四号房间
三号房间
外走廊
中空
楼梯
下19步

大兴屋二层平面布置图

3.7.6 非遗博览园

非遗博览园建设场地位于高椅村原供销社和卫生院所属场地。规划设计力求充分利用建筑和场地的现有条件，实施改造，丰富空间功能，满足使用需求。高椅村非遗博览园包括：高椅村博物馆、非遗传习所、非遗室外表演场、非遗商业街（部分），并提供相关的配套服务和后期办公服务。

场地规划和景观设计的要点：

（1）利用原有地形和地势，进行道路梳理，完善停车设施，疏通必要的消防和疏散路径。

（2）梳理并优化原有公共空间，如内院、广场等，进行景观改造，使其相互串联，形成全新的公共空间。

（3）利用区内现有农田场地，增设非遗表演区，不刻意追求对称、强势的“大广场”，而是因地制宜，打造具有乡村气息的表演区，使之融入村庄环境和建筑的肌理，并结合现状地块上的农业景观。

非遗博览园功能区块

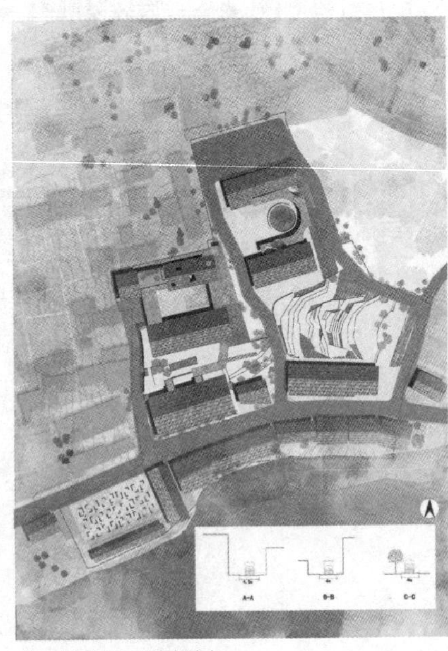
非遗博览园交通规划

非遗博览园公共空间节点

非遗博览园景观规划节点

非遗博览园效果图

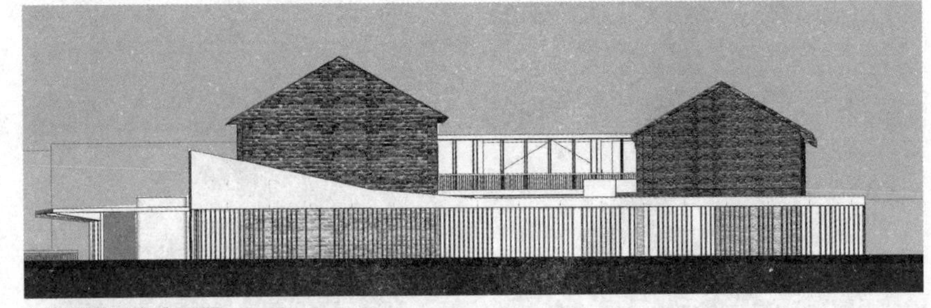
非遗博览园东立面图

非遗博览园南立面图

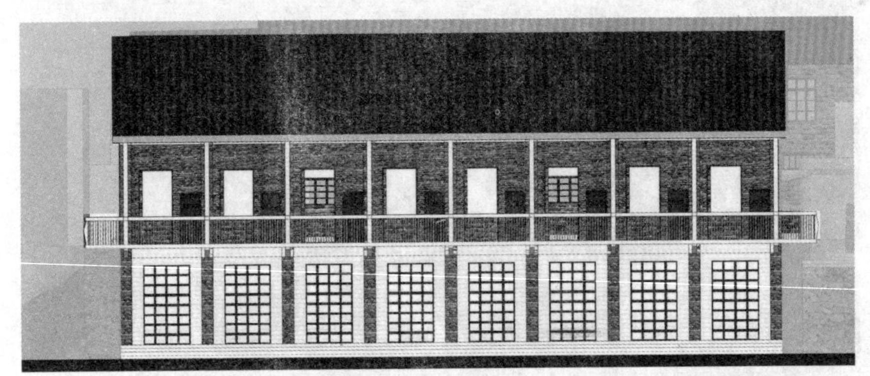
改造后南立面图

改造后北立面图

非遗博览园效果图

非遗博览园一层平面图

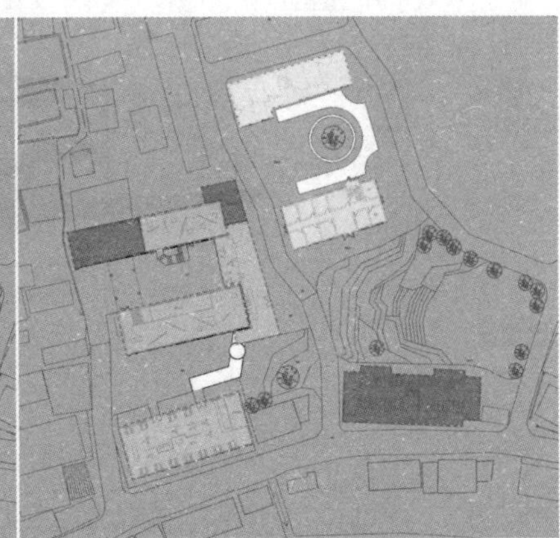

非遗博览园一层功能分析

3.7.7 影剧院

“大礼堂”是高椅村核心区内一个极为重要的场所，曾经是五通庙所在地，是最初村落格局的中心点和枢纽，也是20世纪50年代之前的重要精神寄所。五通庙始建于南宋末年，20世纪70年代末，五通庙被拆改成影剧院，现仅存一只石狮和一株古松。电影院（原五通庙位置）处于村落中央，各个村团围绕核心呈梅花状分布。

电影院原建筑为砖木结构，主体建筑浑厚有力，虽然不是文物，但具有很高的保护价值和旅游观赏价值。现存建筑质量较好，但屋顶有破损，现已进行整修；原建筑室内设施保存较好，但在维修过程中，原座椅被拆除。

现存的五通庙遗址和大众电影院建筑（已闲置）是高椅村最重要的历史文化载体，又称“记忆盒子”。“记忆盒子”既彰显出电影院的空间特点，又体现了规划设计的原则，即尊重并保留外部形态，保留建筑外部绝大部分历史记忆和符号。改造后的“大礼堂”不仅是电影院或大礼堂，还包括：会议室、多功能厅、图书室、餐厅、咖啡厅等多种空间，服务于村民和游客。未来，这里将成为高椅村核心区内全新的公共生活空间和集会休闲空间。

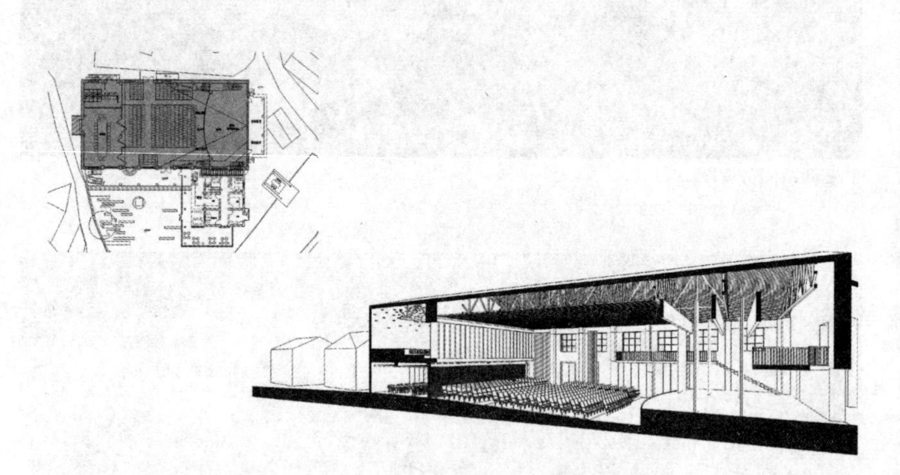

区位图

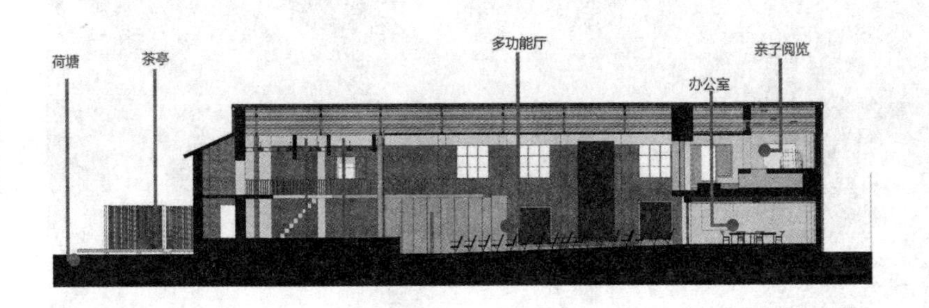

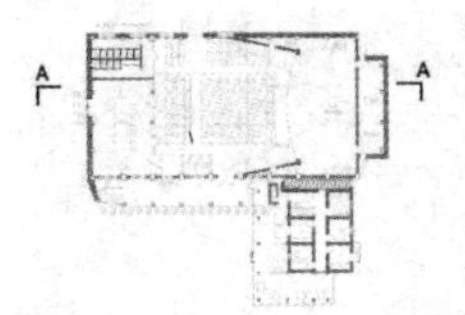

立面效果图

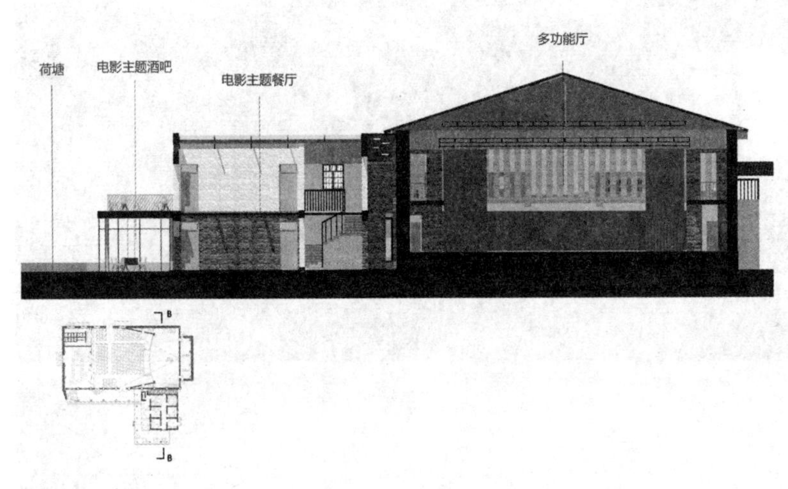

立面图 1

立面图 2

效果图

3.7.8 九星廊桥

高椅村广场位于青年旅社后方一块难得的空闲场地上，场地内是一些破破烂烂的老房子。这里计划建造一座陆地廊桥，可让游客在此休息、喝茶、聊天的陆地廊桥。

九星廊桥轴测图

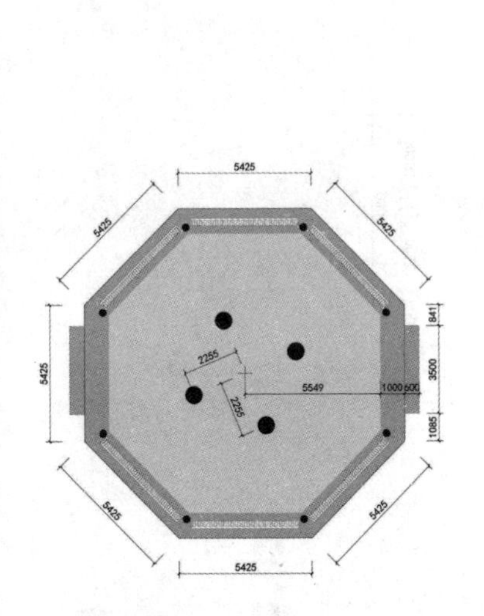

九星廊桥平面图

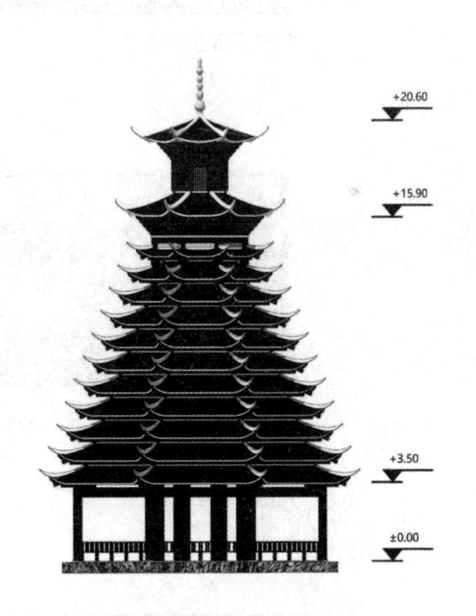

九星廊桥立面图

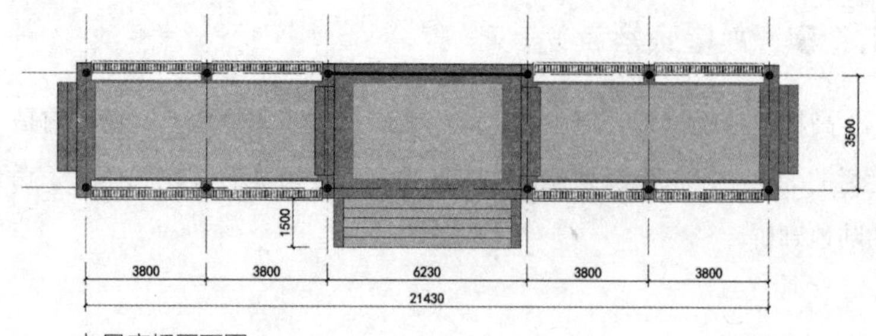

九星廊桥平面图

九星廊桥立面图

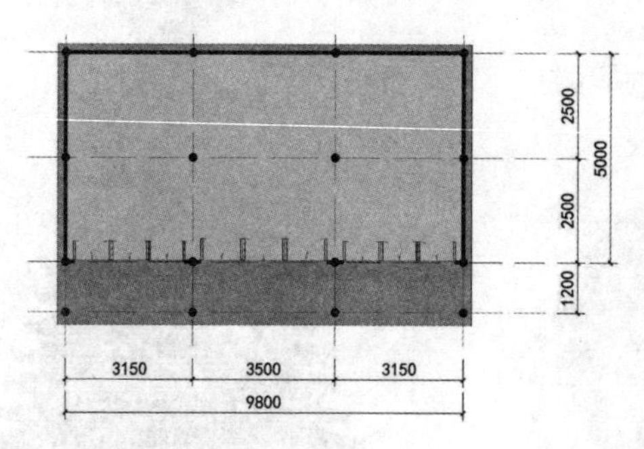

九星廊桥平面图

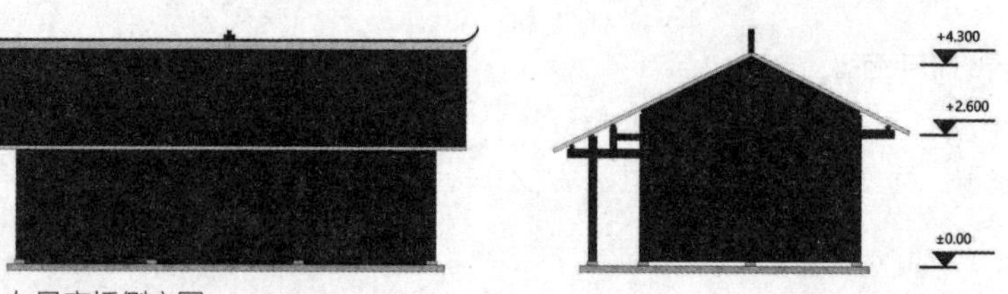

九星廊桥侧立面图

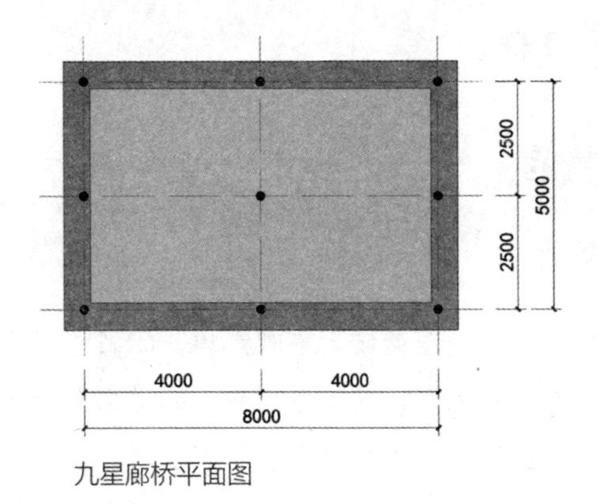

九星廊桥平面图

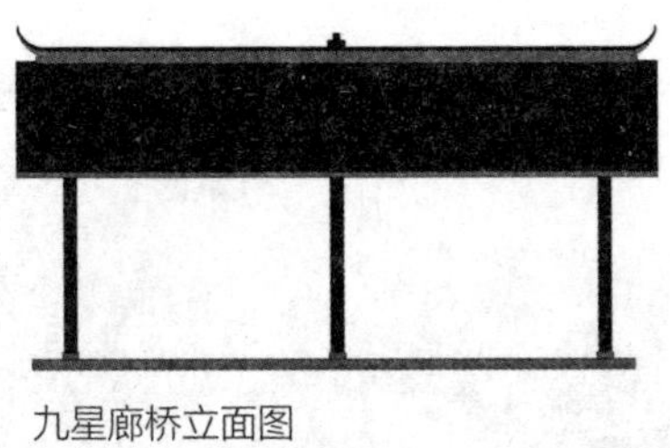

九星廊桥立面图

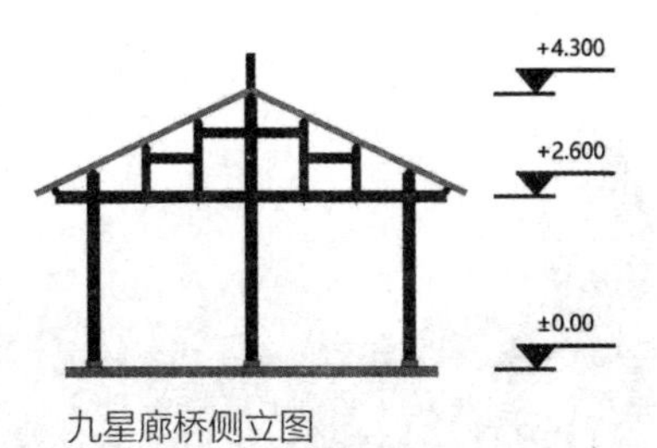

九星廊桥侧立图

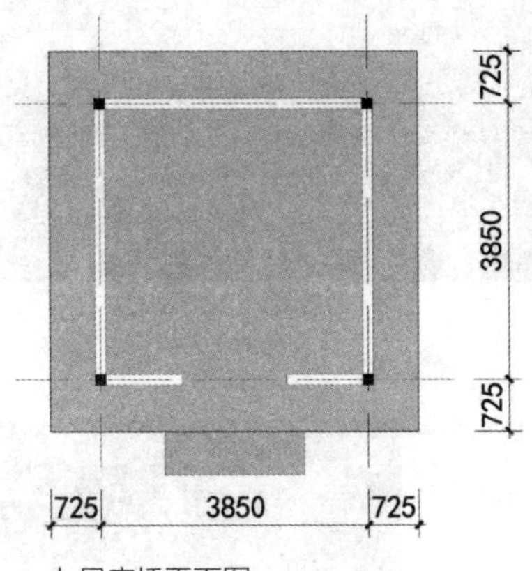

九星廊桥平面图

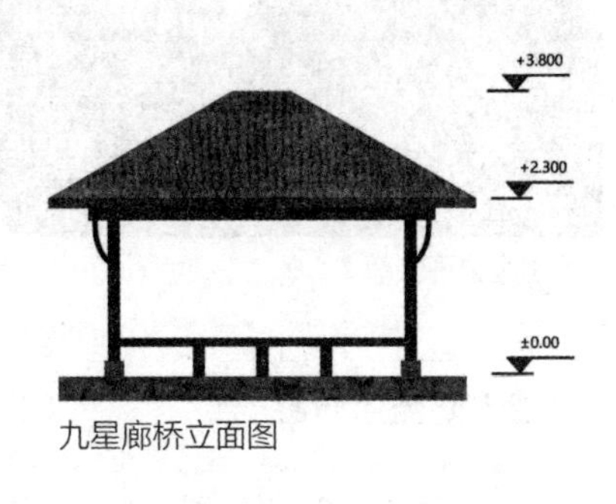

九星廊桥立面图

3.8 产业IP

3.8.1 旅游特色

1）红黑鱼塘

开凿于清朝嘉庆末年。左塘用来养观赏鱼，故名“红鱼塘”；右塘用来喂养食用鱼，故名“黑鱼塘”。两池塘与村内的排水系统相通，是村落排水系统的一个蓄水池。据介绍，虽然整个村子以木质建筑为主，但高墙封闭、下水道纵横，高椅村居民得以防火防潮，这也是明清古建筑历经数百年不朽的主要原因。

红黑鱼塘内景

2）防盗监听缸

一处住宅是明朝早期建筑。原房屋主人是当地首富之一，为防盗窃，在厨房里埋一口缸，缸口直径60厘米，深55厘米，缸口与地面持平。平时盖上木板，并有一碗橱遮掩，不易被人发现。需用时取掉木盖板，可监听到50米外的脚步声。该装置为我国民间较早的监听装置。

防盗监听缸（图片来源：网络）

3）铭砖

据了解，高楼村最古老的铭砖修建于明洪武十三年，迄今已有六百多年的历史。穿行其中，了解六百年前的人间烟火。

铭砖

4）傩戏

中国戏曲剧种，在民间祭祀仪式基础上汲取民间歌舞和戏剧的精华。傩戏起源于驱邪酬神、消灾纳福的原始歌舞。千百年来，“至春祈秋赛，行傩逐疫，

传统傩戏舞蹈

在在行之”。题材大多是驱鬼辟邪，除了庆庙时表演，有人生病、去世、家里遇灾，或祝寿、喜庆、过年，也请傩戏班到家里唱一段、跳一段，以求吉祥平安。2006 年 5 月 20 日，傩戏（武安傩戏、池州傩戏、侗族傩戏、沅陵辰州傩戏、德江傩堂戏）经国务院批准，列入第一批国家级非物质文化遗产名录。

3.8.2 文化特色

1）马头墙

古村建筑多为木质穿斗式结构的两层楼房，四周是高高的马头墙，构成相对封闭的庭院，这种建筑高墙封闭，仅开小窗，当地称为“窨子屋”。可防风、防火、防盗。近百年来，高椅村从没有一家因失火而殃及四邻。

马头墙

2）雕梁画栋

高椅村每家每户相通，这是典型的明代江南营造法式，侗乡风情更增添一份民族特色。通过照壁上色彩斑斓的绘画，可以看出当时的主人是武将，还是文人或者农家。房屋建筑式样优美多姿，大都饰以壁画、墙头画，门窗都是隔扇花式样，花纹各异，或花鸟，或人物，匠心独运，技艺精湛。庭院内的木构楼房，门窗多有精美雕饰，不少庭院、堂屋前悬挂匾额，照壁多绘壁画，屋内明清家具随时可见。

门窗

土地庙

民宅门楣

门窗

3）剪纸

高椅村80岁高龄的剪纸艺人黄杏，曾在该村“醉月楼”上教村里孩子学习剪纸，传授绝技。黄杏8岁开始学习剪纸，以飞禽走兽、花鸟鱼虫、福禄寿喜等为创作题材，寓意深刻、生动有趣，多次在全国剪纸大赛中获奖，并被众多媒体报道。

剪纸文化

4）高椅村博物馆

高椅村民俗博物馆由村民杨国大主办，馆内珍藏着不同年代的遗珍，小部分藏品的历史可追溯到唐宋时期。藏品种类繁多，主要有陶瓷摆件、实木家具、书画纸品、金银玉器、钱币票证、天然奇石以及木雕根雕等上百个品种近千余件。馆内的藏品格调高雅，不仅展现了杨国大个人的艺术追求，也原汁原味地展现了高椅村的古今文化。

高椅村民俗的一大特色是傩戏面具，表情丰富夸张，生动地呈现喜怒哀乐各种情绪，当地很多餐馆或民居中摆放着这种面具，是神灵的象征和载体，展现了具有当地特色的侗族文化以及东方审美意趣，是民族艺术中不可多得的瑰宝。

高椅村博物馆

手工面具

3.8.3 农特产品

高椅村物产丰富，特色农产品有黑饭、红坡贡米、火塘腊肉、滩螺、金秋梨、橘子、河鱼、沙溪辣酱、天麻、笋干等。

3.8.4 手工制品

刺绣品、傩戏面具、竹编工艺品等。

竹编生活器物

草编生活器物

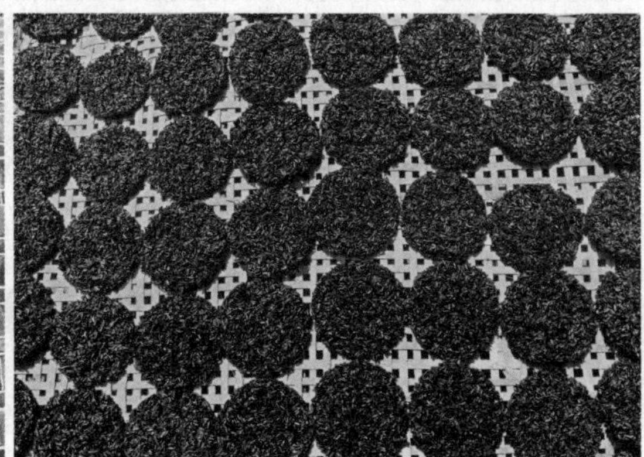
黑饭

3.8.5 写生基地

将原有高椅村小学改造为写生基地，为美术生写生提供住宿服务。

随处可见的写生团体

3.8.6 经济变化

改造前，当地人均收入为 2800 元(数据由乡政府提供)，改造后，人均收入为 3025 元(数据由乡政府提供)。

村民制作鞋底

3.9 建筑材料

高椅村改造项目的建筑材料主要使用杉木、当地石材、灰砖、红砖、仿夯土材料、小青瓦等，因地制宜，就地取材。

当地盛产木材，号称“广木之乡”，以木材作为墙体材料是每家每户盖房的共同点，木结构在当地广泛运用。同时，因为这一地区侗族和汉族混居，汉化明显，也有很多元素从江南、中原一带传入，如马头墙等，所以木建筑并非唯一的建筑形式。改造中，采用多种材料，如用在建筑墙基的石材也用于围墙或墙面，形成全新的建筑外观。这种在传统材料基础上所做的改进，是今后设计的一个重点。

3.10 施工单位

因为高椅村是改造项目，在施工过程中，根据实际情况对原方案进行调整是难免的。施工单位在施工前应认真研究图纸，然后总结技术问题，与设计师及时沟通，共同讨论解决办法，以求达到预期效果。

关于材料的选择和施工工艺的要求，施工方应当与设计师及时沟通，确保与方案要求保持一致。

高椅村的施工方大多是会同县和高椅村当地有施工经验的施工队，对于工艺和预算的把控有一定的认识，但是需要在理解设计意图的前提下，对总体效果与细节进行严格把控。

安装村标

4 乡村生活

4.1 乡村景观与农业

高椅村位于巫水河中游，河宽约 100 米，是会同县五溪东部最大的河，也是东部纵贯南北的水上交通要道。巫水河上游落差大，河道蜿蜒曲折。这条大河静静地守卫着古老村寨，使这里冬暖夏润，五谷竞相生长。

巫水河边的高椅村民居

高椅村谷地内，地势平坦，土地肥沃，谷底外另有大片旱地和山林。周围大山的小溪汇聚到谷地中，形成大大小小的水塘，保证农业灌溉和日常用水。谷地内以水稻种植为主，一年两熟。平时水塘里可以养鱼、种莲藕、放鸭子，乡村景观一片生机盎然。大山上有丰富的木材资源以及油桐、油茶、板栗等经济作物，让远离村落的大山看上去郁郁葱葱、生机勃勃。巫水河是高椅村的生命之河，为高椅村带来远方的信息、财富，也带来了丰富的景观资源。每天巫水河中渔船往来，村民在此驻足谈笑，不禁让人想起桃花源中“黄发垂髫，并怡然自乐”的场景。

4.1.1 主要依托附近旅游景观，种植水稻、油菜花等经济作物

当地农田多为水田。地处山区，山多田少，传统农事以水稻和油菜等农作物种植为主。当地充分利用优美的自然风光以及大片人造梯田，引导农户合理种植油菜等农作物，形成梯田水稻和油菜花景观。其中，梯田油菜花景观，因丰富的色彩、饱满的层次、流畅的线条而最具欣赏价值。春天漫山遍野的油菜花层层叠叠，村落民居簇拥其中，远处青山如黛，成为国画一般的山村。

油菜花边的卫生院

农耕场景

高椅村村民在忙农活

附近的鹰嘴界国家级自然保护区有湖南“小张家界”之称，靠近会同县城，以及开国第一大将粟裕的故居。据传，高椅村口的巫水河为三国时诸葛亮足迹所到之处。村中有古井名“诸葛井”，至今井水甘洌，据说是诸葛亮行军中指挥士兵凿出的，井口石头上尚留刀凿印痕。隔河相望的孟营山是孟获扎营之地。诸葛亮七擒七纵孟获，在这巫水之滨留下不少遗址和故事。

4.1.2　巫水是高椅村村民的母亲河，河流景观很大程度上决定了乡村景观的品质

从景区穿流而过的这条河叫巫水河，秦汉时期称为“雄溪”，与湘西的酉水、辰水、溆水、舞水并称“五溪”。“五溪”流域居住着大量苗族同胞，所以巫水、酉水、辰水、溆水、舞水也被学者称为“苗疆五溪”。巫水河发源于城步巫山，滔滔巫水訇然东来，环绕花园阁一圈后，在绥宁境内横切雪峰山脉，经会同洪江后悄然汇入沅江。巫水河穿村而过，沿着河堤，杨柳依依，小桥流水，风景无限好。河面上小鸭戏水，农妇小孩浣衣，别有一番情趣。

春池水暖鸭先知

河边洗衣服

4.1.3 荷塘、石拱桥组成的水池景观既具有雨水收集和消防功能，也可以美化环境

这里有田人合一、桃花盛开，也有阡陌交通、鸡犬相闻，还有荷塘月色、花鸟虫鸣。新建的水池、景观拱桥、排水渠和尚未种植花草的花圃等在优美的自然风光和生态环境中相得益彰。

高椅村的红黑鱼塘与荷塘

4.1.4 农业以种植业和养殖业为主，村民实现自给自足

当地农业以种植业和养殖业为主，旅游业的发展带动了农副产品的开发。在巫水河边，有人以捕鱼为业，将捕到的鱼带到市场中出售。

总体来说，高椅村以农耕产业为主，渔、焦、林、耕、读是村民的主要生活模式，也成为这里独特的农耕文化传统。

农耕

巫水河上的渔船

4.2 生活污水处理

全村共规划了六个污水处理点，两个已完成，两个在建，两个未建。两个已完成点分别为月光楼污水处理点和农村商业银行，在建点在老林管站后面及五通庙前方，未建点分布在桐木溪和新村农贸市场。

4.2.1 月光楼污水处理点

目前，高椅村完成了月光楼生活污水处理管网铺设和污水处理池建设，月光楼前望月亭和公厕等重要公共空间的建设也已完成。

改造后的月光楼及周边的醉月楼区域组成了一道靓丽的风景，石拱桥、荷花池、青石小路、磨盘小广场向游客们讲述着这里的前世今生，展示了高椅村人的诗意生活。

月光亭旁的景观

4.2.2 五通庙污水处理点

设计师对高椅村内五通庙池塘、水井等进行清理整治，并种植优质荷花，对五通庙周边的公共空间实施绿化美化，基本实现天、人、水整体合一。

五通庙旁的景观

残荷

4.3 村庄资源分类系统

高椅村有了资源分类中心，未来的垃圾就有了去处，首先村民要在扔垃圾前对垃圾进行分类，有毒的要进行无害化处理。把干垃圾能卖的卖掉，不能卖的倒到垃圾桶里。湿垃圾运到田头用来做堆肥。高椅村的垃圾处理方式：每家每户配备一个垃圾桶，进行干、湿垃圾分类；把环卫工人的垃圾清运车进行改装，分为干、湿两类；聘请两人具体负责资源分类中心的垃圾分类工作；在资源分类中心附近建设湿垃圾堆肥处，集中处理分类出来的湿垃圾。

设置资源分类系统，旨在改变村民的传统观念，树立“人人环保、个个分类”的良好意识，使垃圾不再是单纯的垃圾，而是可以利用的资源。与此同时，在干净整洁的资源分类中心设置一个茶室，实现品茗与垃圾分类共存，这是规划设计的一个新方向。

资源分类中心

房子、山林、池塘

5 手 记

5.1 设计小记

5.1.1 设计师手记

随着城市化进程不断加快，农村与城市的差距越来越大。越来越多的人离开农村，农村成为“落后”的代名词。如何让鸟儿飞回来？如何留得住乡愁？这就需要设计师在古村的外表下植入一颗年轻的心，让它再活五百年……

合理创新的改造让古村重获新生。设计师用建筑语言来讲故事，在保留原有格局的基础上，注重空间的营造尤其是灰空间的作用、优化古村的基础设施和配套设施，从而让村庄留得下人，记得住乡愁。

（1）建造旅游配套设施，为游客提供留下来的理由。多打造一些让游客坐下来休息的空间和设施，如公共座椅、廊桥、亭子等。在高椅村，几乎每家每户门口都有一个开敞的公共空间，面朝门前石板路，放置木质长凳，有屋檐遮蔽风雨，好像在亲切地说“老乡，你好！来我家坐坐吧”。如果有客人，堂屋坐不下时，还能在这里加席，很好地利用了灰空间。规划设计中引入这样的公共空间，让浓浓的人情味在披檐下得以体现。另外，把进村的村口打造成乡野之地，牛棚、炊烟、蛙声作为烘托气氛的元素。在建筑改造的同时充分利用景观元素，是乡村规划的重中之重。

（2）重视灯光设计，营造良好的乡村氛围。好的灯光可以强化建筑的轮廓、形体甚至细节，白天看不到的建筑局部，在夜晚便能显露精彩，把古村的夜景烘托得格外迷人。

（3）在村落中增添一些现代艺术雕塑或公共座椅，让古村落的传统元素和现代元素形成强烈的对比，让人在感受现代视觉冲击的同时，陶醉于传统建筑的古朴韵味之中。

（4）适当地增建现代化的场所，如咖啡馆、茶吧、书吧、咖啡店等，完善商业配套设施，让现代娱乐休闲融入乡村生活。在吸引投资的同时，让游客感觉到这里如大城市一般生活便利。

（5）在室内使用当地材料和工艺产品。譬如，游客在享受美餐的同时，也能欣赏当地产的器皿、家具、艺术品。在销售产品的同时宣传当地文化。

（6）强调和推广地域文化，减少但不排除外来文化。高椅村在数百年的历史演变中，形成独特的文化，被专家誉为“江南第一村”和“民俗博物馆”。古民居建筑群落的地理分布、建筑的形态特点以及内部结构与周围山水园林、地形水系的关系等极具人文特色。这种独特的地域文化予以保留和传承，让游客第一眼就能看到这座古村与其他村落的不同之处。

（7）改造采取以点带面的工作方式。通过具体到每个点的设计，让这些设计成为示范点，形成改造的标杆和旗帜，为后续改造起示范作用，以此激活村民的积极性带动村民一起进行环境改造。

（8）注重环境营造，不要过度干预。在大多数高椅村改造项目中，建筑物拥有悠久的历史，外立面经过岁月的洗礼，尽显厚重与历史沧桑。在规划设计和实施过程中，顺应场地的地势关系，尽量在保留并还原房屋的本真状态下，为建筑和室内注入一些新鲜的现代元素，在保证不破坏建筑历史风貌的前提下，提高舒适度。

（9）营造乡村人情味儿，增加场地中的灰空间，促进人们交流、互动。比如，原农村信用社的门前是一座大台阶，没有任何景观和活动场地，场地高差很大，这么高的台阶让人感觉不舒服，所以不想在这里停留。于是，设计师设计时把信用社的房子往后几米，重新建一个营业厅，既满足功能需求，又为街道留出一个广场空间，为村民在此休闲娱乐提供便利。由此，可以激活场地，唤醒场地的活力。

5.1.2 结缘高椅村

初次来到高椅村是2016年夏天，第一次听到“高椅村”这个名字觉得很神秘，以为是深山里不为人知的某个地方，高椅村地处湘西，是一个流传着很多传说且盛行巫傩文化的地方。乡建需要实践，于是我开始慢慢接触高椅村分布在村里的几个零散改造点，有民宿、政府办公楼以及配套的公建，而我也第一次听到了乡建的不同声音——把农村建设得更像农村，而不是追求效率、经济、标准化。而要以点带面，用几个点来激活古村活力，从概念设计到方案，再到出深化设计，都尽量保留高椅村原来的样子。

冬日的粮仓

秋日的粮仓

5.1.3 驻场开始

驻场工作始于2017年。启动点从大兴屋开始，每隔几个月改造一个点，有些施工内容并没有在预算中，一边做，一边补充和变更，施工进展有些缓慢。会同县街道整治工作同时进行，前期有很多问题需要解决，所以设计师在高椅村和会同县之间来回奔跑，每个礼拜有一两天在高椅村，初次到这里，从了解这里的风土人情开始，对村民、村情、村形进行全方位的深入了解。高椅村是一个位于深山里的古村，从县城到古村驱车需要一个多小时，有一百多个弯道，最终看到古村会豁然开朗。让人不敢相信，在深山里还“藏”着这么美的一座村寨。村民人大多姓杨，非常淳朴善良，一到村里便有许多人过来打招呼、聊天。村里有很多地方保留着村民儿时的记忆，比如，改造前的高椅村小学，有次和一位年轻的村民聊天，原来他就是从这里毕业的，还会经常回去看看，这让我感到很欣喜的同时也有种无形的压力，希望这里改造完之后他还能够常常回去看看。

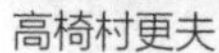

高椅村更夫

驻村生活

5.1.4 高椅村的静和慢

在高椅村的日子节奏很慢。晚上，晚十点之后便会听到打更的声音，打更人做这份工作已经二十年了，这是他生活的一部分，也成为古村一景。与周围很多传统古老的建筑相互映衬，真有种“时光穿越”的感觉，如果是在这里演绎古装剧，那么肯定没有违和感。静和慢是高椅村生活的一大特点。

5.1.5 高椅村的人

高椅村有热情淳朴的村民，有次在池塘边写生时，旁边的大姐热情地走过来打招呼：“小伙子，今天我家请客，来家里吃个便饭呗！”这是以前在城市里从未感受过的，像家人一样，虽然我们素不相识，却让我消除了“人在他乡”的孤独感。

5.1.6 高椅村的艺术家

高椅村有独特的民间手艺人、艺术家。这里非常著名的特色演出叫傩戏，傩戏面具是戏中常用的道具，杨国大老师是制作这种面具的工艺大师，他所做的竹制工艺品和他博物馆中的馆藏令人惊讶，就像世界中的另一面在不经意中呈现出来。他之前有很多机会可以到沿海发达的城市去生活工作，本可以有更多的经济收入或是更大的名声，但他却选择留在这里，因为这是生他养他的地方，他说舍不得。高椅村还有许多工匠师傅，他们有着精湛的技艺，如剪纸、手工木作等，可谓是艺术家。他们默默地付出并努力践行匠人精神，看着一栋

高椅村的木匠师傅

立木屋

高椅村的古董、生活用品

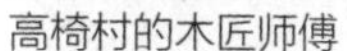

栋凝结了他们汗水的木屋建造起来。这些木屋既是居民生活的场所，同时也是高椅村文化的延续，是宝贵的精神财富。

5.1.7 高椅村的年轻人

从与杨村长的闲聊中得知村民对家乡非常眷念，这种眷念不是一种思乡，而是静静地守着脚下的土地和房屋。年轻人有些出去了，更多人回来了，在自家附近开起杂货店、理发店、民宿等，以这样的方式默默地为家乡做贡献。他们并不是因为没有能力而回来，而是选择一种更好的生活。

5.1.8 关于设计

听到这些来自村民的心声，作为设计师，感慨颇多，希望借由建筑语言表达出来：

第一，将村民的乡愁融入建筑中，通过形式、材料引发共鸣。比如，在屋脊的形式、窗框的材质、墙面色彩等方面营造乡村气息。

第二，本地材料是最真实的，也最容易找到，应当就地取材，旧材料不应随便丢弃，尽量回收利用。比如房屋拆除时的老木头、老物件，不能用也先留着。

第三，施工方大多是本地施工队，施工图纸要确保师傅看得懂，有时施工图画得很细致，但师傅无法理解，也会导致项目无法落地。

第四，尽量增加一些灰空间，比如亭、廊、桌椅等，村民普遍比较喜欢这种公共空间。比如打造一座雕塑时，并不想做一个平常的标志，而是想通过打造一座雕塑，增强村民的互动和体验。

第五，好的灯光可以强调出建筑的轮廓、形体甚至细节，这样在白天看不到的一些建筑局部在夜晚会显露出它的精彩，想要烘托古村迷人的夜景，灯光亮化至关重要。

第六，在适当的位置增加现代功能，以激活村落业态发展。比如，把村口汽车站改造成青年旅社和茶吧休闲区；将高椅村小学改造为民宿，接待前来写生的大批美术师生；给几百年的老宅室（醉月楼）换一颗“心脏”，改造为图书馆和教室，传承耕读文化。以现代功能为载体，演绎另一种古村生活，这是展示高椅村文化和村庄风貌的重要方式。

第七，主要商业街道的赶集文化是很重要的乡镇文化，外地人可以直接感受到当地风土人情和民风民俗，要把沿街商业做到与这种文化相互呼应，互相影响。

第八，注重保持良好的环境卫生。好的环境，加上古朴沉重的外观，项目便成功了一半。在打造老粮仓时，发现旁边有一个垃圾焚烧点，但垃圾堆得满地都是。后来我和几个村民一起围起一个砖坝，把垃圾捡到里面，没想到这样真的“框”住了这些垃圾，村民不再乱扔。总之，规划设计需一点一滴积累，一步一个脚印，需要时间和耐心，悉心打磨，最终往往能带来令人意想不到的惊喜。

临时搭建的垃圾焚烧点

5.1.9 朝着既定方向前进

项目的落地，离不开各方人士的支持和帮助。能有机会参与高椅村的乡建项目，一定要感谢孙君老师、胡鹏飞和公司的同事们。孙老师关于每个设计和施工节点均会给予细致的指导，“湖南农道”投入很多。乡建好比“西天取经”，面临重重难题，但我们坚定信心，设定目标，这些小小的磨难不算什么。无需太多思考，不要问太多为什么，如周县长所说：“两岸猿声啼不住，轻舟已过万重山”，无论前方艰难险阻，我们的船早已驶出，朝着目的地的方向不断前行。

高椅村青年旅社夜景

（文 驻场设计师 刘洋）

5.2 访谈

5.2.1 专访会同县委党校副教授梁筱华

政府关于乡建项目的定位、思路、指导方针和总体部署是什么？

梁筱华：以世界的眼光定位高椅村。2014 年，会同县委、县政府审时度势，提出“将高椅村打造成湖南的高椅村、中国的高椅村、世界的高椅村”目标，坚持“保护为主，适度利用”的基本原则，秉承“活态保护”核心理念，把高椅村建设成为以巫水河流域为纽带，以张家界—凤凰—洪江古商城—高椅村—粟裕故居和纪念馆—通道县—桂林黄金旅游线路为支撑的全省少数民族民俗文化和生态旅游核心景区、全国传统村落整体保护利用示范村，使高椅村成为中国江南古民居进化的一个年轮、一个编年史、一个活化石。

指导方针：以推进“全国传统村落整体保护利用示范村”建设为主线，以保护文化遗产、改善基础设施和公共环境为重点，遵循科学规划、整体保护、传承发展、注重民生、稳步推进、重在管理的方针，加强传统村落保护，改善人居环境，实现传统村落的可持续发展。

工作思路：（1）坚持一种思路——融合发展。将传统村落保护融入经济社会发展和新农村建设大局，坚持文化遗产保护与新农村建设、农村文化建设、民生改善相融合。改善村落基础设施，打通该村与外界的交通动脉，采用“新旧并立”的方式，建设新村，恢复古村。新村是古村的延续，古村是新村的记忆，让村民享受现代文明成果。（2）保护一个本体——活态村落。突破古村保护局限于单体文保建筑的传统观念，为建筑立规矩，不搞大拆大建，杜绝无中生有、照搬抄袭，改善老房子的居住条件，将古村的聚合形式、历史沿革和村民的生活习俗等纳入古村保护范畴，保护各个时期的历史记忆，防止盲目塑造特定时期的风貌，注重村落历史的完整性，实现天人合一。（3）传承一种文脉——文化激活。“维护与延续”是对高椅村人文传承最基本的护持，借用村民自制的“村规民约”，重塑传统古村落中鲜活的人文形态。倡“农 - 学”并重，展“耕读文化”；探“田人合一”，悟“人接地气”；兴文峰塔，倡家国天下；立堂办教，授礼育人；学高为师，德高为范；清白家风，传古明艺。（4）打造一种业态——产业支撑。一是激活传统农业和手工业。防止老村落衰败，最好的办法是让年轻人回家！让年轻人回家的关键是能激活传统老村经济的支柱产业——农业和手工业。二是发展高端农业产业。农业是村落生存与发展的根本，发展农业产业是中国古村落保护工作的核心。高椅村具备发展高端农业产业的条件，水质、土壤、空气等自然资源符合环境要求，遥远湘西古村落的形象有利于高端农产品品牌的传播，当地大量传统饮食的制作方法是宝贵的财富。三是留住传统匠人。在项目实施过程中，让传统匠人与现代设计师相结合，使用传统材料，采用传统工艺、聘请传统匠人，用活态理念激活传统手工艺，让五百年后的高椅村还是高椅村。四是淡化旅游。旅游产业的工作重心不在推广，而在管控，要管住游客。一方面提升旅游服务水准，另一方面管控游客行为，防止旅游开发对古村造成破坏。（5）树立一批典型——示范推进。在古村有针对性地挑选一批示范户，按照“保护为主，适度开发”的原则，委托专业部门编制发展规划，做到既要保护村落原始风貌，又推进新农村建设，改善农民居行条件，并促进农村经济发展，成为传统村落的典型示范，以此推进传统村落保护利用工作。（6）编辑一本画册——《读懂高椅村》。收集高椅村传统村落的新老图片、文字等信息资料，整编成一本画册，解读高椅村的古朴神秘，并与新闻媒体合作，加强传统村落保护利用的宣传报道，营造全社会关注、支持传统村落保护和开发利用的良好氛围。

总体部署：力争通过大约三年时间，使高椅村传统村落的基础设施得到明显改善，生态环境和传统风貌得到有效保护，文物及非物质文化遗产得到最大限度地保护、传承和利用，居民生活条件得到显著提高，将高椅村打造成历史文化资源保护完好、特色产业发展成熟、人居环境良好的示范性传统村落。

如何确定主创团队，原因是什么？

梁筱华：会同县县委、县政府立足实际，审时度势，提出重拳打造“湖南的高椅村、中国的高椅村、世界的高椅村”的目标，按照“一流资源，一流团队，一流标准”的要求，邀请北京“绿十字”创始人孙君、清华大学建筑学院罗德胤副教授、中央民族大学赵海翔副教授等国内一流专家团队，按照“田人合一”的理念和“耕读人家”的设计，切实抓好古村保护利用工作。

在规划设计过程中如何形成一致，如何消除冲突、达成共识？

梁筱华：由一个执行团队（政府组织的工作小组）完成此项工作，对上贯彻落实县委政府的建设理念，对下与村民协调协商，对中与规划设计团队对接、反复磋商，以达成共识。总之，执行团队是项目承上启下、规划落地的重要部门，是项目能否成功的关键所在。

各级领导或部门在项目中承担哪些工作？

梁筱华：一是组织领导到位。县委县政府将高椅村传统村落的保护与开发利用纳入全县重点项目管理体系与国民经济和社会发展规划，作为县政府绩效考核重要内容来抓，成立由县委副书记、县长周立志任组长，县委常委、县人民政府副县长兰利华任副组长，县文广新局、住建局、财政局、文物管理所、高椅乡人民政府、高椅村等部门单位主要负责人为成员的会同县高椅村传统村落整体保护利用领导小组，并聘请专家顾问，负责组织、指导、协调工作，抽调县政府办、住建局、文化局、财政局、旅游局、规划局、水利局、文物所等单位20余人组成办公室、规划设计组、基础工程组、后勤保障组等四个工作小组，长驻高椅村开展工作。二是责任落实到位。县人民政府每年召开专题会议研究部署高椅村传统村落保护工作，明确部门工作职责，协调解决困难和问题。县人民政府与高椅乡政府、县直相关部门，高椅乡政府与高椅村分别签订责任书，将工作任务层层分解，确保任务到人、职责到人。三是经费保障到位。建立资金统筹机制，成立会同三原色文化旅游产业有限公司，作为融资平台，整合各部门的资金，集中有限资金，全力做好传统村落保护利用工作。

在项目执行过程中，如何协调政府、村民、施工单位之间的关系？

梁筱华：政府是保护传统村落的主体，政府对传统村落保护的态度和投入，决定了辖区内传统村落保护的状况。县政府专门抽调相关部门单位20余人组成工作小组，负责办公室、规划设计、基础工程、后勤保障等工作，长驻高椅村开展工作。县人民政府分别与相关部门单位签订责任书，将工作任务层层分解，确保任务到人、职责到人，协调解决困难和问题。

工作小组负责协调与政府、规划团队沟通，负责所有项目的申报和招投标工作，做好村民的思想工作，监督、管理施工单位。工作小组在项目推进过程中堪称桥梁和纽带，起到了关键作用。

对主创团队如何评价？

梁筱华：懂得乡建政策，熟悉传统文化，尊重地方风俗，人脉资源广，经验丰富，是一个值得信赖的主创团队。

规划设计方案最打动村民和政府的是什么？

梁筱华：既有现代设施的舒适美感，又融入传统地域文化元素，符合实际，接地气。

政府的定位和设计师的方案实现了多少？为什么？

梁筱华：政府的定位和设计师的方案实现了大概 70%，即实现了古村的整体保护，在利用上不是很理想，没能达到百姓和政府预期的效果，新村建设严重滞后，主导产业不兴旺，难以提振村民信心，也难以实现古村的可持续发展。

还有什么遗憾、没有实现的不得不放弃的？

梁筱华：传统村落的保护利用是一项系统工程，涉及面广，投资大，政策性强，村民对美好生活的渴望日益强烈。新村建设不能完全按规划完成、非遗建设缓慢、风貌改造难以兑现，在一定程度上影响了古村发展。

项目目前的完成情况以及后续的规划，对规划设计还有什么要求？

梁筱华：继续推进项目落地，适当增加旅游服务运营的基础设施建设项目，为旅游脱贫闯出一条新路。

乡建项目的规划设计具有可借鉴性吗？

梁筱华：可借鉴，因项目极具示范性与创新性。坚持创新工作模式，统筹保护与发展的关系，以文化遗产保护利用为重点，以改善民生为核心，将文化传承、生态保护、经济发展有机结合。以人为本，尊重村民的知情权、参与权、监督权；尊重村民改善生态环境、提高生活质量的合理需求。具体包括以下几个方面：（1）整体保护，协调发展。统筹考虑高椅村的文物、文化、生态、民生和产业五大价值，从文物保护工程入手，将传统村落保护与自然生态保护相结合，将文物保护与非物质文化遗产的保护相结合，将传统村落保护与新农村建设相结合，形成人与文化遗产、自然和谐相处的格局，增强传统村落保护发展的综合能力。（2）惠及民生，尊重民意。充分尊重高椅村村民的意愿和选择，保障村民各项权益，确保他们的知情权、参与权、监督权。鼓励村民按照传统习惯开展乡社文化活动，并保护与之相关的空间场所、物质载体以及生产生活资料。在保护文物建筑的同时，加大基础设施建设力度，改善生态环境，积极引导居民开展传统建筑节能改造和功能提升，提高村民居住质量；充分发挥文物资源优势，促进发展适宜产业，增加村民就业。（3）有效保护，便于利用。乡土建筑保护应与展示利用统筹考虑，合理利用应作为有效保护的重要部分，相关工程宜同步实施。乡土建筑展示利用应符合文物保护要求，不得破坏古建筑主体结构、外观风貌，不得改变乡土建筑的特征要素和有损于文物安全。修缮后的建筑不得长期闲置。根据建筑不同类型和功能，鼓励探索合理利用的多种途径。民居类乡土建筑，鼓励延续原有使用功能，在修缮保护中，充分考虑生活便利性，可适当增建现代生活设施，改善居住条件。乡土建筑中的公共建筑，在尊重传统功能的基础上，可用于村委会、村史馆、图书馆、卫生所、老人活动中心、非遗展示中心等村庄公共服务设施。

规划设计单位做好乡建项目最重要的是什么？

梁筱华：集现代与传统、主流与地方、大众与民族于一体。

5.2.2 设计师访谈

您简单地介绍一下自己，从什么时候开始做乡建项目？

胡鹏飞：我在2008年回国，之前分别在加拿大、意大利留学，学建筑工程专业。回国后，在一家国有建筑设计院工作。2009年，我在朋友的帮助下开始创业，不到一年，取得不错的收益，这主要得益于国内城镇化发展的机遇。我之前在国外对市场一直很敏感，喜欢研究政策，经常社交，认识很多朋友。我的祖籍是安徽桐城，在湖南岳阳长大，属于新湖南人，后来选择回乡创业展现才能。创业前我很谨慎地做了各方面的分析，一个人挥着杆旗回到湖南，从最初一个人也不认识到现在团队有80多位全职员工，正是因为有专业、有技术，抓住机遇，坚持不懈，才有了今天。因此，我非常重视口碑的打造，这也给我增添了自信。

您做的第一个乡建项目是什么？第一次和“绿十字”孙君老师合作是哪个项目？高椅村是第一个乡建项目吗？

胡鹏飞：第一个项目是2015年湖南汝城县金山村项目，也是我和孙君老师相识后与我们和“绿十字”首次合作。金山村项目是湖南农道公益基金会的领导请孙君老师到湖南来，本打算找当地知名设计团队配合，后来因为种种机缘巧合，让我们接手。孙君老师是业内公认的乡建第一人，他做的河南省郝堂村项目名气很大，上过新闻联播，团队随后去郝堂村学习考察，果然不同凡响，于是决定要好好干乡建。通过金山村项目，我们认识了孙君老师以及乡建群体，成立了“湖南农道”，打开了思路并树立了口碑，这些是无价的。

这之后，我们做了河北省保定市阜平县项目，然后是高椅村项目。

高椅村是全国十大古村落之一，孙君老师直言“压力很大”。您在承接项目之前来过高椅村吗？

胡鹏飞：第一次去高椅村，是因为做会同县城的项目。“湖南农道”的特点是人员配比齐全，建筑结构水暖电、景观、室内灯光、标志系统方面都有专业设计师，擅长绘制施工图、做预算。当时，我们作为替补队员参加高椅村项目。

高椅村项目，先后有多家设计单位参与，为什么您的团队能够作为替补团队？

胡鹏飞：认真！做事认真，能够静下心。做了乡建项目后，发现这个领域里有很多湖南人，因为湖南人吃得苦，耐得烦，霸得蛮。

作为主要参与者，您如何理解“让高椅村再活五百年”？在规划设计中如何为了实现这个目标而努力？

胡鹏飞：“再活五百年”可以理解为往前看五百年。高椅村是中国十佳古村落之一，巫水河清澈，生态良好，好像一块璞玉。高椅村令我印象最深刻的是牛味、牛叫，以及远处的炊烟袅袅，都勾起了我儿时的记忆与乡愁。我出生在安徽，在农村长大，对农村的回忆让我感觉到非常安全。“再活五百年”就是要把情境和体验延续五百年。所谓“源远流长”，源头是活的，由此得以传承与延续。现在的建筑技术比五百年前发达很多倍，但最重要的是质朴和本真，这些不能够破坏。为什么这个项目难做？因为需要找到留住质朴和人情味儿的好方法，设计师要清空自己，重新学习，这是团队的核心思想。

对于古村落或老城、老村，多是条条框框之下不敢动；或者修复、复原，修旧如旧……从设计师的角度，加上您做乡建、做高椅村的经验，您如何看待保护、利用、发展之间的关系？

胡鹏飞：古村落或老城、老村应该活过来，有生气，而不是变成“标本”。我认为顺序是利用、保护和发展。如果不利用，保护便失去了意义。不过也应当具体问题具体分析。发展的目标是实现功能价值和审美价值协调一致。

高椅村是古村落，但几处重点项目点的修建动作不小，规划设计方案也都通过了。从调研—设计—通过，沟通、交流难度大吗？

胡鹏飞：确实很难，因为目标不明确，加上领导班子的换届、调动等因素，所以做了多次改动和调整。

资源中心把垃圾分类和茶室、活动中心放在一起（据说成本很高），这很颠覆传统，是出于什么考虑？

胡鹏飞：首先，资源分类中心非常重要，“绿十字”所有的乡建项目均设有资源分类中心。“乡村垃圾不出村”是非常重要的理念，资源分类中心做得好，证明垃圾分类问题得到重视。其次，假如资源分类中心做得很干净，茶室也可以放在里面，说明做得很成功。这是一个新方向，我们对此有信心。另一个项目——樱桃沟村的垃圾分类管理中心设在村委会的隔壁，按照常理大家觉得不合适，实际上也挺好。为什么？因为并不是把生活垃圾放进来，而是把可回收资源放进来。这是一种理念，理念应有所不同。此外，孙君老师是位艺术家。我第一次见他时，他说了很多理念：让年轻人回来，让鸟儿回来等理念我都听不懂，但我没有排斥，觉得这里面肯定有故事。细想一下，鸟儿回来可以吃虫子，不然会有害虫，这是自然生态链；让年轻人回来，说明这个地方活了。没有做过乡建的设计师，可能说起来振振有词，但真正着手后，会发现想象和现实完全不一样。

各个重点项目点的方案至今完成了多少？目前完成的工作量并不大，似乎比预期慢很多，为什么？

胡鹏飞：目前（2018年初）推进得还比较快，菜园酒店、老粮仓、大礼堂等在推进和建设中。乡建的推进主要取决于政府的意志。乡建项目在前期投入比较高，也没有商业企划书。做乡建比较有趣，是种不一样的体验。

“湖南农道”将近百八十人，除了高椅村和阜平县等乡建项目，还有时间和精力做其他项目吗？

胡鹏飞：我自创业以来做了九年设计，三分之二的项目是乡建类。城建比较单纯，但乡建不一样，从长远来看，乡村建设是出路和未来。未来投资和互联网投资类似，不能看眼前的经济效益，而要有长远规划。目前处在摸索中。“Necessity is the mother of invention（需求是创新之母）”，有需求才有供给。百姓有需求，谁能更好地提供服务，项目就给谁，这是市场价值决定的。

5.2.3 采访村民代表

您对规划设计方案满意吗?

村民:基本满意。

规划设计和最初的想法有什么不同?

村民:几年的建设，还不能带来令人满意的效益，比较遗憾。

设计师最打动您的是什么?

村民:作品给人以视觉冲击，既美观又舒适。

有没有最初很抗拒但结果证明非常好的地方?是否理解设计师为何要这么做?

村民:比如，月光楼前的望月亭，当初执行团队提出反对意见，文物主管部门(因是国家级文保单位)也坚决反对，但实施后，效果还不错。

乡建项目完成后，乡村和家庭生活带来哪些巨大的变化?

村民:环境美了，路好走了，房子漂亮了，大家的环保意识增强了。这些都是因乡建项目实施后发生的变化。

如果重新来过，或者进行新的改造，最想做的是什么?

村民:保存古风古韵，保持耕读家风，打造舒适安逸且充满生机、活力的魅力村落。

“绿十字”简介

“绿十字”作为一家民间非营利组织，成立于2003年。十多年来，“绿十字”秉承“把农村建设得更像农村”“财力有限，民力无限”“乡村，未来中国人的奢侈品”的理念，开展了多种模式的新农村建设。

项目案例：

湖北省谷城县五山镇堰河村生态文明村建设“五山模式”

湖北省枝江市问安镇“五谷源缘绿色问安”乡镇建设项目

湖北省广水市武胜关镇桃源村“世外桃源计划——乡村文化复兴”项目

湖北省十堰市郧阳区樱桃沟村“樱桃沟村旅游发展”项目

河南省信阳市平桥区深化农村改革发展综合试验区郝堂村“郝堂茶人家”项目（郝堂村入选住建部第一批“美丽宜居村庄”第一名）

河南省信阳市新县“英雄梦·新县梦”规划设计公益行项目

四川省“5·12”汶川大地震灾后重建项目

湖南省怀化市会同县高椅乡高椅村“高椅村的故事”项目（高椅村入选住建部第三批“美丽宜居村庄”）

湖南省汝城县土桥镇金山村“金山莲颐”项目

河北省阜平县“阜平富民，有续扶贫”项目

河北省邯郸县河沙镇镇小堤村“美丽小堤·风情古枣”全面软件项目（小堤村项目被评为“2016年中国十大最美乡村”第一名）

“绿十字”在多年的乡村实践过程中，非常重视软件建设，包括乡村环境营造（资源分类、处理技术引进、精神环境净化），基层组织建设（党建、村建、家建），绿色生态修复工程（土壤改良、有机农业、水质净化、污水处理），村民能力提升（好农妇培训、女红培训、电商培训、家庭和谐培训），扶贫产业发展（养老互助、产业合作、教育基金，扶贫项目引入），传统文化回归（姓氏、宗祠、民俗、村谱），乡村品牌推广（文创、度假管理），美丽乡村宣传（通信、微信、网站、书刊、论坛、大赛、官媒）等。从 2017 年起，“绿十字”乡村建设开始运营前置与金融导入，进入全面的“软件运营”时代。

致 谢

参与项目实施两年多，在此期间得到了各方人士的支持和帮助，最终该项目顺利完成。在这里特别感谢孙君老师，他精准的定位和自成体系的乡建理论指导着设计团队不断前行。感谢“绿十字”孙晓阳主任，她从项目建设初始就主持各项事务，为高椅村建设的顺利推进付出了巨大的心血。感谢清华大学罗德胤老师进行了高椅村总体定位规划，为后期项目落地绘制了一幅美丽的蓝图。感谢中央美术学院何崴老师、中央民族大学赵海翔老师等国内领先的设计师参与了项目规划和设计工作，针对项目实施过程中的技术难题，提出了宝贵的意见和建议。感谢农创投资控股有限公司为高椅村的未来发展献计献策。感谢湖南如一设计顾问有限公司的廖仓建、阿羽等人对于青年旅社和街道改造设计工作的辛勤付出。感谢所有参与古村保护与改造的村民，他们是这个家园的守护者，是家园“蜕变”的亲历者，没有他们的支持，我们的工作举步艰难；正是他们以大局为重，不计得失，才能圆满完成高椅村的各项建设工作。感谢“湖南农道”团队成员刘洋、陈天鹏、周杰军、刘启龙等人参与了高椅村项目建筑景观设计改造及后期驻场工作，为项目落地做出了不懈的努力。

特别鸣谢单位：

会同县人民政府

高椅乡人民政府

胡鹏飞

图书在版编目（CIP）数据

把农村建设得更像农村．高椅村 / 胡鹏飞著．-- 南京：江苏凤凰科学技术出版社，2019.2

（中国乡村建设系列丛书）

ISBN 978-7-5713-0083-8

Ⅰ．①把…　Ⅱ．①胡…　Ⅲ．①农业建筑－建筑设计－怀化　Ⅳ．①TU26

中国版本图书馆CIP数据核字(2019)第016846号

把农村建设得更像农村　高椅村

著　　者　胡鹏飞
项目策划　凤凰空间／周明艳
责任编辑　刘屹立　赵　研
特约编辑　王雨晨

出版发行　江苏凤凰科学技术出版社
出版社地址　南京市湖南路1号A楼，邮编：210009
出版社网址　http：//www.pspress.cn
总　经　销　天津凤凰空间文化传媒有限公司
总经销网址　http：//www.ifengspace.cn
印　　刷　北京市雅迪彩色印刷有限公司

开　　本　710 mm×1 000 mm　1／16
印　　张　9
版　　次　2019年2月第1版
印　　次　2023年3月第2次印刷

标准书号　ISBN 978-7-5713-0083-8
定　　价　58.00元